图 1-26 素材   图 1-31 最终效果

1.jpg 素材（第 2 章）   2.jpg 素材（第 2 章）   3.jpg 素材（第 2 章）   4.jpg 素材（第 2 章）

图 2-1 最终效果

图 2-69　素材　　　　　图 2-73　最终效果　　　　　图 3-13　素材　　　　　图 3-20　最终效果

图 3-28　素材　　　　　　　　　　　　　　　　　　图 3-29　最终效果

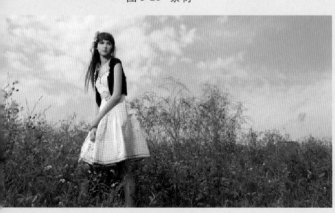

图 4-49　素材　　　　　　　　　　　　　　　　　　图 4-50　最终效果

图 4-21 素材

图 4-22 最终效果

图 7-1 素材

图 7-2 最终效果

图 5-103　素材

图 5-104　最终效果

2.jpg 素材（第 6 章）

3.jpg 素材（第 6 章）

图 6-77　最终效果

图 6-1　最终效果

职业教育课程改革系列教材

数码照片处理（Photoshop CS3）

刘银冬　主编

电子工业出版社·

Publishing House of Electronics Industry

北京·BEIJING

内 容 简 介

为适应职业院校技能紧缺人才培养的需要，根据职业教育计算机课程改革的要求，从数码照片处理技能培训的实际出发，结合 Photoshop CS3 软件，我们组织编写了本书。本书通过大量精美的影楼后期创作实例，向读者详细揭示了使用 Photoshop 进行影楼修图、后期调色、版式设计的完整流程。讲解中穿插了基本知识点、操作技巧、设计思路，不但能提高读者面对实际工作的应用技能，还能提高读者的艺术创作能力。

本书不仅可以作为职业院校"数字媒体技术应用专业"的教材，还可以作为各类 Photoshop CS3 培训班的教材，同时也可以作为从事数码照片处理工作人员的参考资料。

图书在版编目（CIP）数据

数码照片处理：Photoshop CS3 / 刘银冬主编. —北京：电子工业出版社，2011.3
（职业教育课程改革系列教材）
ISBN 978-7-121-11857-9

Ⅰ. ①数…　Ⅱ. ①刘…　Ⅲ. ①图像处理－应用软件－专业学校－教材　Ⅳ. ①TP391.41

中国版本图书馆 CIP 数据核字（2010）第 182586 号

策划编辑：关雅莉　　杨　波
责任编辑：侯丽平　　文字编辑：吴亚芬
印　　刷：北京市海淀区四季青印刷厂
装　　订：三河市鹏成印业有限公司
出版发行：电子工业出版社
　　　　　北京市海淀区万寿路 173 信箱　邮编　100036
开　　本：787×1 092　1/16　印张：12.5　字数：320 千字　彩插：2
印　　次：2011 年 3 月第 1 次印刷
印　　数：4 000 册　定价：25.00 元

凡所购买电子工业出版社图书有缺损问题，请向购买书店调换。若书店售缺，请与本社发行部联系，联系及邮购电话：（010）88254888。

质量投诉请发邮件至 zlts@phei.com.cn，盗版侵权举报请发邮件至 dbqq@phei.com.cn。

服务热线：（010）88258888。

前　言

为适应职业院校技能紧缺人才培养的需要，根据职业教育计算机课程改革的要求，从数码数片处理技能培训的实际出发，结合 Photoshop CS3 软件，我们组织编写了本书。本书的编写从满足经济发展对高素质劳动者和技能型人才的需要出发，在课程结构、教学内容和教学方法等方面进行了新的探索与改革创新，以利于学生更好地掌握本课程的内容，利于学生理论知识的掌握和实际操作技能的提高。

Photoshop 是 Adobe 公司出版的专业图像处理软件，是影楼后期照片处理的常用软件。随着影楼产业的发展，影楼后期制作越来越精致而富有艺术感，在大众眼中具有神秘感。通过本书的学习，将为大家揭开这层面纱。

本书为介绍如何对照片进行艺术处理与加工的实例类教程，通过 8 章数十个案例，由浅入深地详细讲解了照片处理中的 Photoshop 技巧，并深入讲解了照片版式设计的思路、方法。通过学习本书，可以掌握如下内容：

第 1 章照片处理基础知识。重点介绍 Photoshop 基础操作、图层与文字的应用。

第 2 章简单选区的建立。重点讲解如何进行简单抠图的操作。

第 3 章修饰图像。讲解各种修图的技巧。

第 4 章图层样式与蒙版。特色质感的创造，使用蒙版进行简单版式的设计。

第 5 章调整图像色调。影楼后期调色的高级技巧。

第 6 章精细选区的建立。使用通道和路径进行抠图的高级技巧讲解。

第 7 章滤镜特效应用。画面特效的制作。

第 8 章数码照片综合处理。照片版式的设计流程、思路和方法精讲。

本书内容丰富，针对性强，所讲技能涉及影楼后期的方方面面，对学习影楼后期处理有很强的指导意义。本书由刘银冬担任主编，张毅娴、杨银燕、李建勋、田华、赵鹏、王鑫、王红、苏燕、李宇清和马浩琨参与了本书的编写和制作。

感谢河北省石家庄市莱弗士专业冲印有限公司提供的有关行业标准。尤其感谢暮角老师的暮角数码研发制作中心对本书的大力支持，并为本书编写提供了大量精美的婚纱模板。

为了提高学习效率和教学效果，方便教师教学，本书还配有教学指南、电子教案、案例素材及习题答案。请有此需要的读者登录华信教育资源网（http://www.hxedu.com.cn）免费注册后进行下载，有问题时请在网站留言板留言或与电子工业出版社联系（E-mail:hxedu@phei.com.cn）。

由于编者水平有限，加之时间仓促，本书不足之处在所难免，欢迎广大读者批评指正。

目　录

第1章　照片处理基础知识 ··· 1

1.1　Photoshop CS3 照片处理介绍 ······················· 1

1.2　简单校准显示器 ··· 3

1.3　认识 Photoshop CS3 工作界面 ······················· 3

1.4　Photoshop CS3 基础操作 ······························ 5

1.5　课堂实训　制作清新桌面壁纸 ······················· 10

总结与回顾 ·· 17

课后习题 ··· 17

第2章　简单选区的建立 ··· 18

2.1　课堂实训 1 "个人写真套版"设计 ··················· 18

2.2　课堂实训 2 复杂模板的创建 ························· 25

总结与回顾 ·· 31

2.3　课后实训 1 ·· 35

2.4　课后实训 2 ·· 36

课后习题 ··· 36

第3章　修饰图像 ··· 38

3.1　课堂实训 1 修复人物脸部斑痕 ······················· 38

3.2　课堂实训 2 人物照片精修 ···························· 45

3.3　课堂实训 3 使用外挂滤镜做人物磨皮 ··············· 55

总结与回顾 ·· 58

3.4　课后实训 1 ·· 58

3.5　课后实训 2 ·· 59

课后习题 ··· 59

第4章　图层样式与蒙版 ··· 60

4.1　课堂实训 1 制作珍珠项链 ···························· 60

4.2　课堂实训 2 时尚写真照 ································· 69

4.3　课堂实训 3 婚纱合成 ··································· 76

总结与回顾 ·· 80

4.4　课后实训 1 ·· 80

4.5　课后实训 2 ·· 81

课后习题 ··· 82

第 5 章　调整图像色调 ·· 83

5.1　课堂实训 1　修正灰暗照片 ····························· 83

5.2　课堂实训 2　校正偏色 ································· 87

5.3　课堂实训 3　修正黄牙（色阶和可选颜色） ··············· 92

5.4　课堂实训 4　打造暗调泛黄效果 ·························· 96

5.5　课堂实训 5　通道混合器调色 ························· 100

5.6　课堂实训 6　人物照片综合美化 ························ 105

总结与回顾 ··· 110

5.7　课后实训 1 ·· 111

5.8　课后实训 2 ·· 111

5.9　课后实训 3 ·· 112

5.10　课后实训 4 ······································· 113

课后习题 ·· 114

第 6 章　精细选区的建立 ·· 115

6.1　课堂实训 1　制作丰富多彩的背景 ······················ 115

6.2　课堂实训 2　精细抠出毛发 ··························· 133

总结与回顾 ··· 142

6.3　课后实训 1 ·· 149

6.4　课后实训 2 ·· 150

课后习题 ·· 150

第 7 章　滤镜特效应用 ·· 152

7.1　课堂实训 1　画面特效 ································ 152

7.2　课堂实训 2　文字特效 ································ 163

总结与回顾 ··· 167

7.3　课后实训 1 ·· 167

7.4　课后实训 2 ·· 168

课后习题 ·· 168

第 8 章　数码照片综合处理 ·· 170

8.1　影楼后期工作流程 ···································· 170

8.2　模板的版式设计知识 ·································· 173

8.3　模板的色彩设计知识 ·································· 181

8.4　课堂实训　儿童照片设计 ······························ 183

总结与回顾 ··· 191

8.5　课后实训 ·· 192

课后习题 ·· 192

第 **1** 章

照片处理基础知识

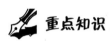 **重点知识**

1. 了解 Photoshop CS3 的照片处理功能。
2. 了解 Photoshop CS3 的界面结构。
3. 了解图像处理的相关概念。
4. 掌握 Photoshop CS3 的基本操作知识。
5. 掌握图层的基本操作。

作为 Adobe 公司旗下出名的图像处理软件，Photoshop 在图形图像处理领域拥有毋庸置疑的地位。强大的功能、神奇的效果，大量的用户群，广泛的行业应用使 Photoshop 不仅在专业领域拥有绝对的控制权，也成为计算机学习的基本软件之一。对于平面设计、影楼后期、影像创意和动漫创作等来说，Photoshop 都是不可或缺的助手。

1.1 Photoshop CS3 照片处理介绍

Photoshop 为人们所熟知，提到 Photoshop 人们都知道它是一款图像处理软件，那什么是图像处理，究竟处理图像的什么呢？在进入 Photoshop 的学习前，先来了解一下什么是图像处理。

所谓图像处理是指在原有图像的基础上对图像本身进行修改、编辑，对图片的瑕疵进行修复，对图像颜色进行更改，对多张图片进行合成，以达到美化原图、改善照片质量、甚至做出以假乱真的奇幻效果。

数码照片的后期处理主要包括修片、调色及数码合成三大部分内容。

修片包含的内容非常广泛，简单来说可以分为两类。一类主要是修复破损的照片、有瑕疵的图像细节，如去除青春痘、修复破损照片和去除画面杂物等；另一类主要是为了美化照片而对照片局部进行修改，以期达到特殊的美化效果，如为人物上唇彩、使皮肤更光滑、修改脸型与体型等，如图 1-1 和图 1-2 所示。

图 1-1

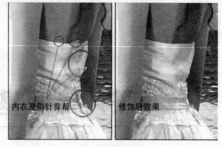

图 1-2

　　调色也分为两种：一种是校对照片，使照片的颜色以及亮度和对比度恢复正常，通常称做校色，如图 1-3 所示；另一种是对照片的颜色进行调整，使之具有特殊的色调，通常用于美化图片或多图合成中的颜色统一，如图 1-4 所示。

图 1-3

图 1-4

　　数码合成是将多张照片素材进行合成，留下有用部分，去掉无关部分，并使这些素材照片的各部分完美地融合在一起。数码合成是 Photoshop 抠图、修图和调色的综合运用，对操作者的 Photoshop 技术要求较高，如图 1-5 所示。

图 1-5

1.2　简单校准显示器

1．校准显示器的原因

显示器直接显示数码图像处理的效果，由于不同显示器的对比度、亮度和显色性都有所不同，所以显示器显色不准，而这给数码照片的处理带来很多不便。在显示器上看到的颜色与最终出片的颜色有很大差别，直接影响数码照片处理的质量，所以，在进行照片处理前对显示器进行校准是很有必要的。

2．使用 Adobe Gamma 校准显示器

使用颜色校准仪器可以对显示器进行校准，但是专业的颜色校准仪价格很高，对于初学者来说可以使用 Photoshop 免费提供的 Adobe Gamma 来校准显示器。使用 Adobe Gamma 并不是一个准确性很高的解决办法，但它能在很大程度上改善显示器的偏色问题。

对于 Windows 用户来说，在安装了 Adobe Photoshop 之后，安装程序会自动将 Adobe Gamma 程序添加在"控制面板"内。

在校准显示器之前应使显示器持续开机半小时左右。为了减少环境光线对计算机屏幕的影响，最好在固定的环境光线下工作。关闭所有桌面图案，并将显示器上的背景色更改为亮灰色，这样可以防止背景色干扰颜色视觉。

双击打开 Adobe Gamma 程序，在弹出的程序对话框中，选择 Step By Step（逐步向导），按照软件的提示进行操作即可，最后将调整后的数值保存为文件即可。

3．使用专用图卡调整显示器

这是另外一种调整显示器的方法：日本摄影杂志《CAPA》介绍了一种由桐生彩希发明的调整显示器的图卡，无须色彩校正仪即可自行调整显示器的亮度、对比度和色彩。显示器调整图卡有"chart-B"（B 卡）、"chart-W"（W 卡）和"chack-Gamma"（Gamma 卡）3 个文件。

B 卡用于调整计算机显示器亮度，W 卡用于调整计算机显示器对比度，Gamma 卡用于调整颜色的伽马值。

此外，也有几款免费调整软件可用于显示器的调整，如 QuickGamma 和 Monitor Calibration Wizard 等。这些调整软件虽都有缺陷，但基本能满足对于显示器色彩要求不高的初学者。

1.3　认识 Photoshop CS3 工作界面

了解工作界面是学习 Photoshop 的基础，熟悉工作界面的功能与分布，便于初学者系统化 Photoshop 的知识，使后面的学习更加得心应手。

Photoshop 界面主要由菜单栏、工具选项栏、工具箱、图像窗口和浮动面板组成，如图 1-6 所示。

菜单栏——
工具选项栏——
工具箱——

图像窗口——

浮动面板

图 1-6

Photoshop CS3 的菜单栏从左至右依次为"文件"、"编辑"、"图像"、"图层"、"选择"、"滤镜"、"分析"、"视图"、"窗口"和"帮助"菜单。每个菜单依据其名称具有不同的功能，可以通过单击鼠标执行菜单命令，或者使用菜单命令旁标注的快捷键快速执行菜单命令。

"图像"菜单包含了大量的图像调整命令，是进行 Photoshop 调色的重要功能菜单，也是进行数码照片处理的常用菜单。

Photoshop CS3 的工具箱包含了许多功能强大的工具，利用这些工具可以进行创建选区、绘画和绘图等重要操作。可以单击工具箱中的工具图标或使用工具所对应的快捷键，选择工具箱中的工具。在工具箱中，工具图标右下方带有黑色三角形的，表示此工具中包含隐藏工具。在工具箱中有黑色三角形的工具图标上单击鼠标，并按住鼠标不放，即可显示隐藏工具，将鼠标移动到要选择的工具图标上单击，即可选择该工具。按【Shift】键，同时反复按该工具的快捷键，可以循环选择该工具的所有隐藏工具。对于所选择的工具，可以使用快捷键【Caps Lock】，改变在图像中显示光标的状态，使显示光标在精确显示和工具实际大小之间进行转换。

小提示

在使用快捷键时，输入法的状态应为英文输入状态，中文输入状态有可能无法正常使用快捷键。要查看工具的快捷键，只需将鼠标移动到工具图标上，就会显示当前所指工具的快捷键。快捷键的使用可以大大加快作图速度，尤其在图像处理公司和影楼等地方，建议尽量使用快捷键进行操作。

在工具箱中选择任一工具后，都会在菜单栏的下方出现对应的选项栏，在选项栏中可以对工具进行功能设定与属性修改。

浮动面板是 Adobe 公司系列软件的重要特征，也是 Photoshop 重要的功能组成部分。默认情况下，浮动面板在 Photoshop 界面的右侧，它具有特定的功能。浮动面板通常是成组出现的，可以在屏幕上随意移动，也可以对它们任意组合或拆分。在"窗口"菜单中可以选择需要显示或隐藏的浮动面板。

![小提示图标] **小提示**

　　使用快捷键【Tab】，可以快速显示或隐藏工具箱和浮动面板；使用【Shift+Tab】组合键，将只显示或隐藏浮动面板。

　　图像窗口是 Photoshop 的主要工作区，在其中可以进行图像编辑操作。

1.4　Photoshop CS3 基础操作

1. 图像文件的新建、打开和保存

　　在原有照片的基础上进行修改，需要使用"打开"命令对图片进行处理，这通常是指在对图片的最终尺寸和比例没有太多要求的情况下。而如果对将来的作品有严格的尺寸和比例要求，例如，制作符合实际相册大小的婚纱模板或制作特定尺寸的广告单页，则需要使用"新建"文件命令。

　　1）"新建"命令

　　执行菜单栏中的"文件"→"新建"命令，弹出"新建"对话框，如图 1-7 所示。在对话框中，"名称"选项用来更改文件名，输入自己习惯的名称，便于将来查找。

图 1-7

　　"预设"选项的下拉列表可以选择预设的固定文件尺寸。如果需要制作特定的文件尺寸，可以在"宽度"和"高度"选项中输入要设置的数值。使用 Photoshop 制作图片，设定文件尺寸一定要精确，即文件尺寸要和实际印刷、冲洗照片的尺寸完全一致，否则在最后输出时有可能出现模糊现象。

　　在"分辨率"选项中输入要设置的分辨率数值。分辨率的数值和最终的用途有密切关系，既不能设置太高，也不能设置太低。通常做印刷时要用 300 像素/英寸以上的分辨率，才可以保证印刷的清晰度；喷墨打印时设置 150 像素/英寸的分辨率即可。制作屏幕显示的图片（如网页、课件和 Windows 等），分辨率设置为 72 像素/英寸。而制作喷绘用图时，则分辨率最高设置 72 像素/英寸即可，依据最终喷绘的面积大小，甚至可以将分辨率设置为 20 像素/英寸。

图 1-8

　　"颜色模式"选项可以设置多种颜色的模式。做印刷用图时，要把颜色模式设置为"CMYK"模式，其他情况下一般使用"RGB"模式。这是因为"CMYK"模式和印刷机的四色油墨是一一对应的，在印刷时不会出现色差。

　　在"背景内容"选项的下拉列表中可以设置图像的背景颜色。设置完毕，单击"确定"按钮，即可完成新建文件的过程。

　　2）"打开"命令

　　在做练习或使用 Photoshop 对原有照片进行修改时可以使用"打开"命令。执行菜单栏中的"文件"→"打开"命令，弹出"打开"对话框，如图 1-8 所示。

还可以使用组合键【Ctrl+N】快速执行"打开"命令，此外在 Photoshop 界面的灰色空白区域双击鼠标也可以实现相同的效果。在"打开"对话框中可以以缩略图形式查看文件，选择要打开的文件，单击"打开"按钮或双击文件，即可打开选定的文件。

如果要打开多个文件，则可以在"打开"对话框中将所需的多个文件选中。在选择文件时，按【Ctrl】键，单击可以选择多个不连续的文件；按【Shift】键，单击可以选择连续的文件。单击"打开"按钮，所选中的文件将在 Photoshop 中逐一显示。

3）"存储"命令与"存储为"命令

处理完图片后，需要对文件进行保存。在处理图片的过程中，为了防止程序意外终止，需要时常进行保存的操作，随时保存是尤其要注意的操作。由于 Photoshop 工作时占用系统资源较多，常常会意外跳出，随时保存文件可以使损失降到最小。

存储文件可以使用"存储"命令或"存储为"命令。执行菜单栏中的"文件"→"存储"命令，在对新建的文件进行第一次存储时，将会弹出"存储为"对话框，如图 1-9所示。输入文件名并选择文件格式后，单击"保存"按钮，即可完成存储的操作。如果当前的文件是打开的照片而非新建，或已对文件执行过存储的操作，执行"文件"→"存储"命令，则不会弹出"存储为"对话框，会直接覆盖原始文件保存。因此，如果不想破坏原始文件，则不能选择此命令。

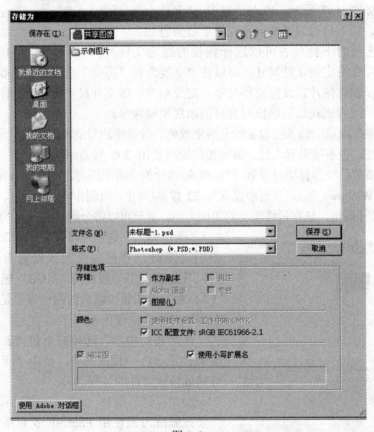

图 1-9

若要既保留编辑过的文件，又保存原始文件，则需使用"存储为"命令。执行菜单栏中的"文件"→"存储为"命令，弹出"存储为"对话框，输入文件名并选择文件格式后，单击

"保存"按钮即可。

　　文件保存的类型一般以 psd 格式为主,这是 Photoshop 默认的文件格式,可以保留图层路径等信息,便于再次修改。

2．图像的显示

　　在使用 Photoshop 进行图像处理时,经常要对局部与整体进行反复的处理,以达到对图片的精确编辑和对画面的整体把握。因此更改图像的显示比例是常用操作。

　　1)"按屏幕大小缩放"与"实际像素"命令

　　执行菜单栏中的"视图"→"按屏幕大小缩放"命令,可以使图像以最大的比例完整地显示在窗口中,通常用于对图像的整体观察。

　　执行菜单栏中的"视图"→"实际像素"命令,可以 100%地显示图像原始尺寸。

　　2)使用"缩放工具"放大与缩小

　　在"工具箱"中单击"缩放工具"中的"放大工具",如图 1-10 所示,单击图像,即可以实现放大的功能。每单击一次,图像的显示比例会增加为原图的 1 倍。如果要缩小图片的显示比例,则需要在按【Alt】键的同时单击鼠标,或在"缩放工具"的选项栏中单击缩小工具图标。每单击一次,图像的显示比例会缩小一级。

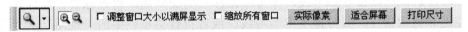

图 1-10

　　3)使用菜单命令放大与缩小

　　使用菜单命令改变图像的显示比例,执行菜单栏中的"视图"→"放大"命令,可以增加图像的显示比例,或使用组合键【Ctrl++】。执行菜单栏中的"视图"→"缩小"命令,可以缩小图像的显示比例,或使用组合键【Ctrl+-】。

课堂小练习

　　找找看,除了本书中所提到的改变图像显示比例的方法外,在 Photoshop 中还有哪些方法可以改变图像的显示比例。

　　4)更改屏幕显示模式

　　在图片处理过程中,使用全屏模式显示图像,可以不受干扰地观察图像。在"工具箱"中单击"更改屏幕模式"按钮,可以在 4 种屏幕显示模式间进行切换,如图 1-11 所示。这 4 种模式分别为:标准屏幕模式、最大化屏幕模式、带有菜单栏的全屏模式和全屏模式。使用快捷键【F】可以在这 4 种模式间循环切换,在更改屏幕显示模式的同时按【Tab】键可以关闭工具箱与浮动面板,这样效果更好。

图 1-11

　　5)移动图像显示区域

　　使用"缩放工具"增大图像的显示比例,当图像的显示比例超过屏幕,只能看到图像的局部，而要观察图像的其他部位时，需要移动图像在窗口的显示区域。在"工具箱"中单击"抓手工具"图标，在图像中拖动即可改变图像在窗口的显示区域。

小提示

在使用工具箱中的其他工具时，按【Space】键，可以临时性切换到"抓手工具"。双击"抓手工具"，可以实现"按屏幕大小缩放"命令的效果。双击"缩放工具"，可以实现"实际像素"命令的效果。

3．标尺、参考线的设置

在精确作图时，常常会用到标尺、参考线和网格线，利用它们可以精确控制图像处理。

1）标尺

执行菜单栏中的"视图"→"标尺"命令，或使用组合键【Ctrl+R】，可以显示或隐藏标尺。标尺的外观，如图 1-12 所示。在标尺上右击可以弹出改变标尺单位的快捷菜单，可以在其中选择合适的标尺单位。

2）参考线

打开标尺后，可以设置参考线，参考线比标尺更加精确。将鼠标放置在标尺上，按下鼠标左键并拖动鼠标，即可拖曳出参考线。或者执行菜单栏中的"视图"→"新建参考线"命令，弹出"新建参考线"对话框，如图 1-13 所示，在该对话框中可以精确设置参考线的位置。

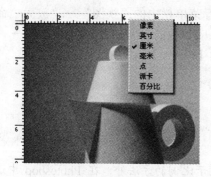

图 1-12 　　　　　　　　　　　　　　　　　　图 1-13

若要移动参考线的位置，需要选择"工具箱"中的"移动工具"，将鼠标光标放在图像窗口的参考线上，按左键拖动鼠标即可移动参考线。执行菜单栏中的"视图"→"锁定参考线"命令，可以将参考线锁定，锁定后参考线无法移动。执行菜单栏中的"视图"→"清除参考线"命令，可以将所有参考线清除。

4．图像和画布尺寸的调整

文件的尺寸对于 Photoshop 来说非常重要，在 Photoshop 中经常要用到"图像大小"与"画布尺寸"两个命令对文件尺寸进行修改，而这两个命令非常容易混淆。下面具体讲解它们的用法及区别。

1）"图像大小"命令

在 Photoshop 中，任何一幅图像，都有确定的画面大小及清晰程度，使用"图像大小"命令可以改变其对应数值。执行菜单栏中的"图像"→"图像大小"命令，即可打开"图像大小"对话框，如图 1-14 所示。

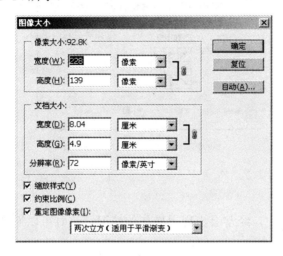

图 1-14

在"图像大小"对话框中，可以看到它有 3 项："像素大小"、"文档大小"和相应复选项。

◇ "像素大小"有两项设定，分别是"宽度"和"高度"。"像素大小"是指该文档在 100%显示比例下的实际像素尺寸。虽然在 Photoshop 中可以任意改变图像的显示比例，但是该文档的实际像素尺寸是不会改变的。改变这一选项，将影响图像的实际像素尺寸，同时将影响图像文件的大小。

◇ "文档大小"选项组可以改变图像的实际尺寸和分辨率，该尺寸与像素尺寸不同，标示的是图像的实际输出尺寸。

◇ "约束比例"选项，选择该选项后，文档的宽高比例将被锁定。当改变其中一项时，另一项将相应改变。

◇ "重定图像像素"选项，不勾选此项，图像的像素尺寸将被锁定，不能再改变。此时"文档大小"选项中的"宽度"、"高度"和"分辨率"3 项后将出现锁链图标，改变其中一项，另外两项将同时改变。

2）"画布尺寸"命令

"画布尺寸"是指当前的文档区域尺寸，它只改变文档的尺寸，不改变文档中图片的尺寸与比例，这是与"图像大小"明显不同的一点。

执行菜单栏中的"图像"→"画布尺寸"命令，弹出"画布大小"对话框，如图 1-15 所示。

"当前大小"中显示的是当前文档的实际尺寸与文档大小，是不可更改的。

"新建大小"中可以重新设置文档的尺寸。

"定位"选项则用来设置文档增加或减少的方向。

在"画布扩展颜色"的下拉列表中可以设置文档尺寸增加或减少区域的背景颜色。

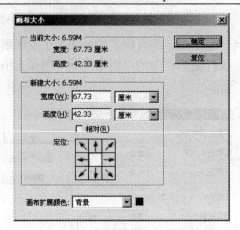

图 1-15

5．撤销所做操作

在图像的处理过程中，经常会出现误操作的情况，这时可以撤销所做的操作步骤。撤销所做操作有以下两种方法。

1）使用菜单命令或快捷键

执行菜单栏中的"编辑"→"还原"命令或使用组合键【Ctrl+Z】，可以恢复到上一步操作的结果。若要恢复多步之前的操作结果，可以使用组合键【Ctrl+Shift+Z】，最多可以恢复 20 步操作。

2）使用"历史记录"面板

使用"历史记录"面板，也可以实现撤销所做操作的效果。"历史记录"面板可以恢复多步之前的操作结果，同快捷键一样，一般可以恢复 20 步操作。恢复的步数是可以调整的，系统默认状态是恢复 20 步操作，如果计算机的配置高，则可以设置更高的步数。更改恢复的步数可以执行菜单栏中的"编辑"→"首选项"命令，在其中的"性能"选项组中，将"历史记录状态"的数值更改为需要的数值即可。

在"历史记录"面板中，由上至下依次排列着之前的 20 步操作记录，单击需要恢复到的记录可以执行恢复操作。执行恢复操作后，被撤销的操作步骤在"历史记录"面板中将显示为灰色，如果进行新的操作后，则会清除这些被撤销的操作步骤。

1.5　课堂实训　制作清新桌面壁纸

任务描述

随着计算机的普及，美观的 Windows 桌面壁纸也成了大家所关注的对象。许多人曾经为找不到符合自己个性的 Windows 桌面壁纸而烦恼，而美观大方属于自己独有的 Windows 桌面壁纸，不仅能够在工作之余起到调节心情的作用，而且也能够展示自己的个性。

桌面壁纸在设计时应注意所选图片的画面构成，依据图片的空间巧妙地安排文字的位置，使画面浑然一体。

本节将设计一张海岸风景的壁纸，如图 1-16 所示。湛蓝的天空，透亮的海洋，干净的画面给人一种心旷神怡的感觉，配以白色的组合文字，在工作之余可以使紧张的心情平静下来。另外，也可以将风景图片换成自己或家人的照片，这样会更有亲切感。

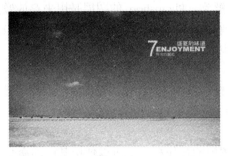

图 1-16

 效果分析

本例的目的是让读者熟悉软件界面，了解图层的概念，熟悉文字图层的操作，因此操作十分简单。本例关注的重点是在学习软件的同时，让读者了解一定的设计原理，从而起到举一反三的作用。在操作中要注意文字图层的操作，了解文字图层与普通图层的不同之处。

要做出本例的效果，首先要对图层的概念有一个清晰的认识，并能够熟练操作文字图层。

 **知识储备**

图层是 Photoshop 中重要的概念之一，是图像编辑的基础。文字图层更是经常要用到的知识点，在数码照片后期制作中常常通过文字图层的组合排列来排版写真照片，是一项实用而又简单的技能。

1．像素与分辨率

1）像素

选择工具箱中的"缩放工具"，在打开的图片上单击，可以将图像放大，通过多次单击后，将图像放大至 3200%。这时图像显示出方格状排列，如图 1-17 所示。Photoshop 中打开的图片就是由这些方格状的基本单元组成的，称为像素。像素是组成图像的基本单位，而由像素组成的图像，又称为像素图或位图。像素存放在 Photoshop 的图层中，这就是像素和图层之间的关系。

2）分辨率

人们通常用图像分辨率来衡量一张图片的清晰程度。分辨率是指图像中每英寸所包含的像素数量，单位是"像素/英寸"。由于 Photoshop 图像是由成千上万的像素构成

图 1-17

的，所以一张图片在后期输出时，像素的分布程度就决定了这张图片的输出尺寸。基于上述原因，在新建文档开始工作时一定要准确地输入文件的尺寸数值与分辨率。分辨率越大，图

像越清晰，文件就越大；反之，则图像越不清晰，文件就越小。

2. "图层"面板与"图层"菜单

在上面像素的学习中了解到，Photoshop 的图层是用来存放像素的，而所有的像素组成了图片，可以说图层是装载图像的容器。在 Photoshop 中图层可以有多个，这些图层在一起的效果可以理解为堆叠在一起的透明玻璃片，可以在每片玻璃上绘图，也可以透过每片玻璃未绘图的透明区域看到下面的影像。多个图层的编辑方式主要是为了后期编辑方便，可以在不破坏图像整体的情况下，只对图像的一部分进行操作。对图层的操作主要通过图层面板与图层菜单来实现。图层依据其不同作用可以分为普通图层、调整与填充图层、文字图层和形状图层。

1）"图层"菜单

"图层"菜单存放了对图层的操作命令，可以使用其中的命令对图层进行操作。图层菜单中的命令会随着选择图层的不同而发生变化，对当前图层不起作用的菜单命令会显示为灰色。

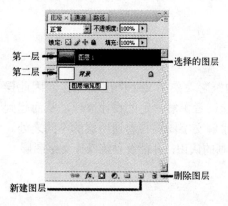

图 1-18

2）"图层"面板

"图层"面板包含了图层的绝大部分功能，面板中部区域显示出了当前图像中的所有图层、图层组和图层效果，如图 1-18 所示。眼睛图标用于显示或隐藏当前图层，其右侧图层缩览图用于缩微显示图层内容。图层缩览图会根据图层类型的不同呈现不同的显示状态。图层的名称在图层缩览图的右侧，双击图层名称可以进入编辑状态改变图层名称。要对图层进行编辑，首先必须要选择对应的图层。单击"图层"面板中的图层可以选择该图层，选择的图层呈蓝色显示状态。

"图层"面板上部是控制图层状态的功能区域，可以进行当前图层与下层图层的混合方式、透明程度及锁定图层的操作。

"图层"面板的下部区域是图层的功能按钮区域，可以进行图层的新建、删除、添加样式、添加蒙版、图层间的链接、添加填充与调整图层、新建图层组的操作。

单击面板右上角的按钮可以打开面板菜单，在其中包含了图层的操作命令。"图层"面板是"图层"菜单最简洁化的体现，使用"图层"面板可以十分方便地操作图层，是最常用的浮动面板。

3. 图层的操作

1）新建图层

有多种方法可以新建图层，建议从中选择最为快捷的方法。

（1）使用"图层"面板按钮或组合键。单击"图层"面板中的"创建新图层"按钮或使用组合键【Ctrl+Alt+Shift+N】，可以创建一个新的普通图层。按【Alt】键，单击"图层"面板中的"创建新图层"按钮，或使用组合键【Ctrl+Shift+N】，可以弹出"新建图层"对话框，如图 1-19 所示。在"名称"选项中可以设置图层名称。在"颜色"选项中可以设置该图层在面板中显示的颜色。在"模式"选项中可以设置当前图层与下方图层的混合模式。在"不透明度"选项中可以设置新建图层的不透明度。

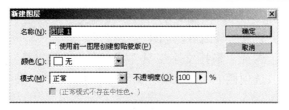

图 1-19

（2）使用"图层"面板菜单。单击"图层"面板右上角的按钮，打开"图层"面板菜单，在菜单中单击"新建图层"命令，弹出"新建图层"对话框。

（3）使用"图层"菜单命令。执行菜单栏中的"图层"→"新建"→"图层"命令，弹出"新建图层"对话框。

2）复制图层

可以通过以下方法复制图层。

（1）使用"图层"面板按钮。在"图层"面板中，拖动要复制的图层到"创建新图层"按钮上，就可以将图层复制一个新的图层。

（2）使用"图层"面板菜单。单击"图层"面板右上角的按钮，打开"图层"面板菜单，在菜单中选择"复制图层"命令，弹出"复制图层"对话框，如图 1-20 所示。

（3）使用"图层"菜单命令。执行菜单栏中的"图层"→"复制图层"命令，弹出"复制图层"对话框。

（4）使用组合键。选择要复制的图层，使用组合键【Ctrl+J】，可以直接创建一个当前图层的副本。

3）删除图层

可以使用多种方法删除图层。

（1）使用"图层"面板按钮。单击"图层"面板中的"删除图层"按钮，弹出"删除图层"对话框，如图 1-21 所示。

（2）使用"图层"面板菜单。单击"图层"面板右上角的按钮，打开"图层"面板菜单，在菜单中选择"删除图层"命令，弹出"删除图层"对话框。

（3）使用"图层"菜单命令。执行菜单栏中的"图层"→"删除"→"图层"命令，弹出"删除图层"对话框。

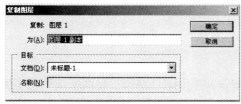

图 1-20

图 1-21

4．文字的创建

1）文字工具的使用

在 Photoshop CS3 中，文字工具有 4 种，分别是横排文字工具、直排文字工具、横排文字蒙版工具和直排文字蒙版工具。横排文字工具和直排文字工具用于普通文字的输入；横排文字蒙版工具和直排文字蒙版工具则可以创建文字选区。

（1）使用文字工具。选择"横排文字工具"或"直排文字工具"后，工具选项栏变为如图 1-22 所示外观。在工具选项栏中，可以设置文字的字体、字号、颜色，以及文字的变形。

图 1-22

（2）使用文字蒙版工具。选择"横排文字蒙版工具"或"直排文字蒙版工具"后，工具选项栏的操作和文字工具相同，可以直接创建文字选区。

2）文本的创建

在 Photoshop CS3 中，使用文字工具可以创建两种状态的文字：点文字图层和段落文字图层。

（1）建立点文字图层。点文字图层主要应用于输入文字较少的情况，在输入文字过程中，文字无法自动换行。使用文字工具在图像中单击，当鼠标光标变成闪动的光标图标时，输入文字，效果如图 1-23 所示。此时选择工具箱中的其他工具，就可以结束文字的编辑状态，同时"图层"面板中将自动生成一个新的文字图层，如图 1-24 所示。

（2）建立段落文字图层。段落文字图层主要应用于输入整段文字的情况，在输入文字过程中，文字可以自动换行。使用文字工具在图像中单击并拖动鼠标，在图像中出现一个段落文本框，如图 1-25 所示。此时文字起始输入点在文本框的左上角，输入文字时，遇到文本框边缘，文字将自动换行。如果输入多段文字，可以按【Enter】键分段。

图 1-23　　　　　　　　　　图 1-24　　　　　　　　　　图 1-25

操作步骤

以上学习了 Photoshop CS3 中图层的相关知识，下面通过制作"桌面壁纸"的实例，对以上所学知识进行巩固练习。

1．打开图像背景

（1）打开 Photoshop，选择"文件"→"打开"命令，在"打开"对话框中选择本章素材图 1.jpg，一幅大海的风景照片，如图 1-26 所示。

（2）打开素材后，在 Photoshop 的图层面板中可以观察到一个名为"背景"的图层。在图层名称的左边是图层缩览图，可以显示图层所包含的图像，如图 1-27 所示。

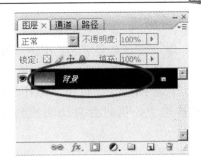

图 1-26

图 1-27

2．画面分析及文字输入

（1）接下来分析文字的摆放位置。这张风景照片的画面十分干净，海天分界线位于画面下方 1/3 的位置，天空占据了较大的幅面，画面上方很空，因此初步将文字的位置定在天空的位置。基于画面左下方有一条颜色较深的线条，为平衡画面将文字位置确定在画面的右上角。此外，画面的线条以水平为主，因此文字的组合也选择水平组合方式。

（2）在工具箱中选择横排文字工具，在图像右上角单击，在出现闪动的光标后输入大写英文"ENJOYMENT"。

（3）设置文字的颜色与字体，选择输入的文字，在文字工具选项栏中将文字的字体设置为"Arial"，颜色设置为 Black，如图 1-28 所示。

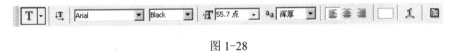

图 1-28

（4）输入文字"7"，在文字工具选项栏中将文字的字体样式设置为"Narrow"，颜色设置为白色。

（5）输入文字"月末的邂逅"，在文字工具选项栏中将文字的字体设置为"幼圆"，颜色设置为白色。

（6）输入文字"盛夏的味道"，在文字工具选项栏中将文字的字体设置为"黑体"，颜色设置为白色。

（7）这样就得到了 4 个文字图层，如图 1-29 所示。

图 1-29

3. 文字编排

（1）以上没有对文字的大小进行设置，为了版面的美观，接下来对 4 个文字图层进行组合编排设计，合理安排它们的位置与大小。

（2）在"图层"面板中，双击"ENJOYMENT"文字图层的图层缩略图。这时文字图层将被选中，同时会自动切换到文字工具，在文字工具选项栏中将文字大小设置为"55"。

🎓 小提示

有时在编排文字时并不要求精确的文字大小，可以使用如下方法快速调整文字大小：首先在"图层"面板中选择文字图层；其次执行菜单栏中的"编辑"→"自由变换"命令，此时文字周围将出现定界框，如图 1-30 所示。拖动定界框上的控制柄即可改变文字大小；完成后按【Enter】键完成文字大小的改变。

图 1-30

（3）使用上述方法依次将"7"文字图层的文字大小设为"196"，"月末的邂逅"文字图层的文字大小设为"30"，"盛夏的味道"文字图层的文字大小设为"30"。将文字大小设为不同的数值，是为了使文字产生变化，不死板。

（4）在"工具箱"中选择"移动"工具，改变文字的排列位置，使文字组合整体感更强，本例完成效果如图 1-31 所示。

图 1-31

总结与回顾

　　本章主要学习了 Photoshop CS3 的基础操作知识与图层的操作。基础操作知识是将来应用 Photoshop 的基础，知识点较多，操作简单，是本章学习的重点内容。

　　图层是图像处理的基础，与路径、通道并称为 Photoshop 的三驾马车，是 Photoshop 的三大基础功能之一。掌握图层的概念对于更进一步学习 Photoshop 具有极大的帮助。了解图层的概念，掌握图层的操作，能够使用文字工具创建文字图层并更改文字的属性是本章内容的难点。

课后习题

1．填空题

（1）抓手工具的作用是（　　　）。

（2）选择"图像"菜单下的（　　　）菜单命令，可以设置图像的大小及分辨率的大小。

（3）复制图层可以通过图层面板来实现，还可以通过选择（　　　）命令实现。

2．选择题

（1）在 Photoshop 中历史记录（History）调板默认的记录步骤是（　　　）。

　　A．10 步　　　　　　B．20 步　　　　　　C．30 步　　　　　　D．40 步

（2）在 Photoshop 中建立新图像时，可以为图像设置（　　　）。

　　A．图像的名称　　　　　　　　　　　B．图像的大小

　　C．图像的色彩模式　　　　　　　　　D．图像的存储格式

（3）下面对 Photoshop 中关于"图像大小"的叙述正确的有哪几项（　　　）。

　　A．使用"图像大小"命令可以在不改变图像像素数量的情况下，改变图像的尺寸

　　B．使用"图像大小"命令可以在不改变图像尺寸的情况下，改变图像的分辨率

　　C．使用"图像大小"命令不可能在不改变图像像素数量及分辨率的情况下，改变图像的尺寸

　　D．使用"图像大小"命令可以设置在改变图像像素数量时，Photoshop 计算插值像素的方式

（4）Photoshop 中文字的基本属性包括（　　　）。

　　A．字符属性　　　　　　　　　　　　B．图层样式

　　C．段落属性　　　　　　　　　　　　D．蒙版属性

第2章

简单选区的建立

 重点知识

1. 掌握使用规则选框工具的方法和技巧。
2. 掌握使用套索工具组的方法和技巧。
3. 掌握使用魔棒工具的方法和技巧。
4. 掌握多种选择工具相互配合，选取复杂图像的方法和技巧。

2.1 课堂实训1 "个人写真套版"设计

 任务描述

年轻时尚的妈妈们都希望用照片来记录宝宝的成长历程，因此个性的宝宝艺术照越来越受到年轻妈妈们的青睐，几乎每个妈妈都会为宝宝选择一套艺术照来保存宝宝可爱、童真的瞬间。

本节将设计一个儿童艺术照，如图2-1所示。淡绿的底色，配以花朵、蘑菇房子及可爱的卡通，无不体现童真和童趣。

图2-1

效果分析

该艺术照的制作不算复杂，首先制作背景，其次放入人物照片，调整到合适大小，最后通过本章所学的选区相关内容对人物照片进行修饰，完成艺术照的设计。

要想设计出该艺术照效果，首先需要掌握Photoshop CS3中选区的创建、修改以及选区相关内容的应用方法和操作技巧。

知识储备

在 Photoshop CS3 中，要对图像的局部进行编辑，首先要通过创建选区的方法将其选中，其次就可以移动、复制、填充颜色或执行一些特殊的效果。本节来学习简单选区的建立。

1. 规则选框工具

规则选框工具包括矩形选框工具、椭圆选框工具、单行选框工具和单列选框工具，如图 2-2 所示。下面以矩形选框工具为例学习创建矩形选区的方法及矩形选框工具"选项"栏的应用。

1）创建矩形选区

通过拖拉鼠标可以创建选区：选择矩形选框工具，鼠标呈十字光标，用鼠标由左上角开始拖拉，如图 2-3 所示。

图 2-2   图 2-3

小提示

通过在按【Shift】键的同时拖拉鼠标来创建选区，可得到正方形或正圆形的选区；同时按【Alt】和【Shift】键，可形成以鼠标的落点为中心的正方形或正圆形。

2）矩形选框工具"选项"栏的应用

选择矩形工具，就会显示其工具选项栏，如图 2-4 所示，在工具选项栏中，紧邻工具图标右侧的 4 个图标分别是："创建新选区"、"添加到选区"、"从选区中减去"、"和选区相交"，在本章后面对此 4 个图标有专门讲解。

图 2-4

（1）羽化：在"羽化"后面的数据框中可通过输入数字来定义边缘晕开的程度，如图 2-5 所示。

（2）样式：单击"样式"菜单会弹出 3 个选项，如图 2-6 所示。"正常"为可确定任意矩形或椭圆形的选择范围；"固定比例"为通过输入数字的形式确定选择范围的长宽比；"固定大小"为精确设置选择范围的长宽数值。

未羽化填充红色后效果   羽化10px填充红色后效果

图 2-5

图 2-6

19

（3）消除锯齿：使用矩形选框工具时，"消除锯齿"选项是不可选的。使用椭圆工具时，通常都要选择"消除锯齿"选项，它的作用是使选区的边缘平滑。

2．套索工具

套索工具 L
多边形套索工具 L
磁性套索工具 L

套索工具包括 3 种不同类型：（自由）套索工具、多边形套索工具和磁性套索工具，如图 2-7 所示。

1）（自由）套索工具

图 2-7

（自由）套索工具的用法是按住鼠标进行拖拉，随着鼠标的移动可形成任意形状的选择范围，松开鼠标后就会形成选区。如图 2-8 所示为使用（自由）套索工具拖拉鼠标，如图 2-9 所示为形成选区。

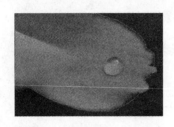   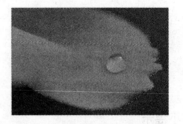

图 2-8   图 2-9

2）多边形套索工具

使用多边形套索工具可以形成不规则形状的多边形选区。使用方法是单击鼠标形成直线的起点，移动鼠标到合适位置，拖出直线，再次单击鼠标，两个单击点之间形成一条直线，以此类推，当终点与起点会合时，多边形套索工具的右下角出现圆圈，单击鼠标形成一个封闭的选区。若在选取时按【Shift】键，则可按水平、垂直或 45°角的方向选取线段；若按【Del】键，则可删除最近选取的线段；若按住【Del】键不放，则可删除所有选取的线段；如果按【Esc】键，则取消选择操作。

3．魔棒工具

魔棒工具是基于图像中相邻像素的颜色近似程度来进行选择的。选择魔棒工具，弹出其工具选项栏，如图 2-10 所示。

图 2-10

（1）使用魔棒选取时，用户还可以通过容差设置颜色值的近似范围。

（2）容差：在此文本框可以输入 0～255 之间的数值来确定选取范围。输入的值越小，则选取的颜色范围越近似，选取范围也就越小。

（3）消除锯齿：设置所选取范围域是否具备消除锯齿的功能。

（4）对所有图层取样：该复选框用于具有多个图层的图像。未选择它时，魔棒只对当前选中的层起作用，若选择它则对所有层起作用，即可以选取所有层中相近的颜色区域。

（5）连续：选择该复选框，可以将图像中连续的像素选中，否则会将连续和不连续的像素一并选中。

操作步骤

以上学习了 Photoshop CS3 中创建选区的相关知识，下面通过制作"儿童艺术照"的实例，对以上所学知识进行巩固练习。

1．制作艺术照背景图像

（1）执行菜单栏中的"文件"→"新建"命令，新建名为"艺术照"、"宽度"为 25.01 厘米、"高度"为 17.78 厘米、"分辨率"为 72 像素的 RGB 模式的文件。

（2）在 Photoshop 中打开本章素材图 1.jpg，使用"移动工具"将其移动到"艺术照"文件中，得到图层 1，效果如图 2-11 所示。

2．绘制圆形选区

（1）打开本章素材图 2.jpg，使用"移动工具"将其移动到"艺术照"文件中，得到图层 2，选择"编辑"→"自由变换"（组合键【Ctrl+T】），在按【Shift】键的同时，单击鼠标进行拖曳，将人物变成合适大小，效果如图 2-12 所示，选择椭圆选框工具，制作正圆选区，效果如图 2-13 所示，选择"选择"→"反向"（组合键【Ctrl+Shift+I】），按【Del】键将素材效果多余部分删除，选择"选择"→"取消选择"（组合键【Ctrl+D】）将选区取消，效果如图 2-14 所示。

图 2-11

图 2-12

图 2-13

图 2-14

小提示

在对图像进行变换时，在按【Shift】键的同时进行拖动，可以对图像按比例进行缩放。

（2）单击"新建图层"按钮，得到图层 3，设置前景色如图 2-15 所示，在按【Ctrl】键的同时，单击图层 2 的缩略图，载入图层 2 的选区，选择"编辑"→"描边"，如图 2-16 所示，效果如图 2-17 所示。

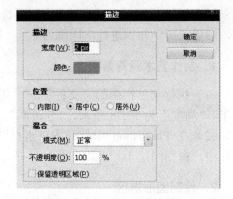

图 2-15   图 2-16

（3）使用"移动工具"将 3.jpg 移动到"艺术照"文件中，得到图层 4，方法同步骤（1）、（2），效果如图 2-18 所示。

图 2-17   图 2-18

3．制作多边形选区

（1）选择"多边形套索工具"，制作多边形选区，效果如图 2-19 所示，单击"新建图层"按钮，得到图层 5，按组合键【Alt+Del】，填充前景色，如图 2-20 所示。

图 2-19   图 2-20

（2）打开本章素材图 4.jpg，使用"移动工具"将其移动到"艺术照"文件中，得到图层 6，选择"编辑"→"自由变换"（组合键【Ctrl+T】），在按【Shift】键的同时，单击鼠标进行拖曳，将人物变成合适大小，如图 2-21 所示。

图 2-21

（3）在按【Ctrl】键的同时，单击图层 5 的缩略图，选择"选择"→"变换选区"，在按【Shift】键的同时，拖动鼠标，使选区缩小，如图 2-22 所示，按【Enter】键确认，选择"选择"→"反向"（组合键【Ctrl+Shift+I】），按【Del】键将本节选区内的多余部分删除，选择"选择"→"取消选择"（组合键【Ctrl+D】）将选区取消，效果如图 2-23 所示。

图 2-22

图 2-23

4．为艺术照添加装饰

（1）打开本章素材图 5.jpg，选择"魔棒工具"，单击其白色区域，得到如图 2-24 所示选区，选择"选择"→"反向"（组合键【Ctrl+Shift+I】），选择"选择"→"修改"→"羽化"（组合键【Ctrl+Alt+D】），设置如图 2-25 所示，得到最终选区如图 2-26 所示。

图 2-24

图 2-25

（2）使用"移动工具"将 5.jpg 选区中的图像移动到"艺术照"文件中，得到图层 7，最终效果如图 2-27 所示。

图 2-26

图 2-27

（3）执行菜单栏中的"文件"→"另存为"命令，将该文件另存为"艺术照.psd"文件。

知识拓展

1．填充颜色

在使用 Photoshop CS3 的过程中，不可避免地要用到颜色的设置，Photoshop 软件提供了多种颜色选取和设置的方式。

图 2-28

默认情况下，前景色和背景色分别为黑色和白色，单击图标右上角的双箭头，可切换前景色和背景色，单击如图 2-28 所示左下角的小黑白图标，不管当前显示的是何种颜色，都可将前景色和背景色切换至默认状态下的白色和黑色。

1）拾色器

单击工具箱中的前景色和背景色图标，即可调出"拾色器"对话框，如图 2-29 所示。在对话框左侧的任意位置，单击鼠标，会有圆圈显示出单击的位置，在右上角就会显示出当前选择的颜色，并且在"拾色器"对话框右下角出现其对应的各种颜色模式定义的数据。包括 RGB、CMYK、HSB 和 Lab 4 种不同的颜色模式，也可输入数字直接确定所需颜色。

2）填充命令

选择"编辑"→"填充"（组合键【Shift+F5】）命令，弹出如图 2-30 所示对话框。

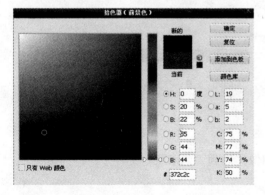

图 2-29

图 2-30

（1）"使用"：选择填充内容，有"前景色"、"背景色"、"颜色"、"图案"、"历史记录"、"黑色"、"50%灰色"和"白色"。当选择"图案"时，单击"自定图案"按钮，可以选择一种图案填充路径，如图 2-31 所示。

（2）"模式"：设置填充的混合模式。

（3）"不透明度"：设置填充的不透明度。

（3）如图 2-32 所示选区，将前景色设置为红色，选择"编辑"→"填充"（组合键【Shift+F5】）命令，单击"确定"按钮后得到如图 2-32 所示效果。

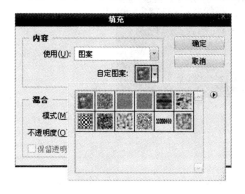

图 2-31

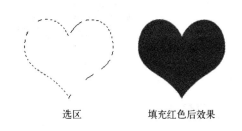

选区　　　　填充红色后效果

图 2-32

小提示

按组合键【Alt+Del】可以直接填充前景色，按组合键【Ctrl+Del】可以直接填充背景色。按【D】键可将前景色和背景色切换至默认状态下的白色和黑色，按【X】键可以切换前景色和背景色。

2．自由变换

通过选择"编辑"→"自由变换"（组合键【Ctrl+T】）命令可以一次完成"变换"子菜单中的所有操作，而不用多次选择不同的命令，但需要一些快捷键配合地进行操作。

（1）拖拉矩形框上任何一个把手进行缩放，按【Shift】键可按比例缩放。

（2）在按【Alt】键时，拖拉把手可对图像进行"扭曲"操作；按【Ctrl】键时，拖拉把手可对图像进行"自由扭曲"操作。

（3）在按组合键【Ctrl+Shift】时，拖拉边框把手可以对图像进行"斜切"操作。

（4）在按组合键【Ctrl+Alt+Shift】时，拖拉角把手可以对图像进行"透视"操作。

2.2　课堂实训 2　复杂模板的创建

任务描述

无论是外出旅游、度假，还是亲朋好友相聚，都希望留下美好的瞬间，使其成为永久的记忆。照片可以记录这美好的瞬间，然而一般照片的背景都比较单一，时尚的年轻人希望背景更加优美、个性，这时就需要给照片换一个背景。

本节将通过简单的方法设计一个艺术写真，使照片中美好的瞬间，更加完美无缺、五彩缤纷，效果如图 2-33 所示。

图 2-33

效果分析

该写真的制作不算复杂，首先制作背景，其次放入人物照片，调整到合适大小，最后通过本章所学的选区相关内容对人物照片进行修饰，完成艺术照的设计。

要想设计出此艺术照效果，首先需要掌握 Photoshop CS3 中选区的相加、相减和相交的相关内容，以及选择菜单下一些命令的应用方法和操作技巧。

知识储备

大多数情况下，创建选区很难一次完成理想的选择区域，因此要进行多次的选择，在这种情况下，可以使用选择区域的加减运算功能。

1．修改选区

1）选区相加

如果要在已经建立的选区之外，再加上其他的选择范围，首先在工具箱中选择一种选框工具，例如，选择矩形选框工具，拖拉形成矩形选区，其次在矩形选框工具的选项栏中单击 图标，或在按【Shift】键的同时，用此工具拖拉出一个矩形选区，如图 2-34 所示，此时所用工具右下角会出现"+"符号，松开鼠标后得到两个选择范围的并集，如图 2-35 所示。

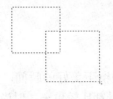

图 2-34

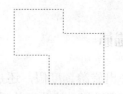

图 2-35

2）选区相减

如果要在已有选区的基础上减去一部分，首先选择一种选框工具，例如，选择椭圆选框工具，拖拉形成一个椭圆选区，其次在椭圆选框工具的选项栏中单击![]图标，或在按【Alt】键的同时，用此工具拖拉出一个椭圆选区，如图 2-36 所示，此时所用工具的右下角会出现"−"符号，松开鼠标后结果如图 2-37 所示，第 2 个椭圆会将第 1 个椭圆减去一个缺口。

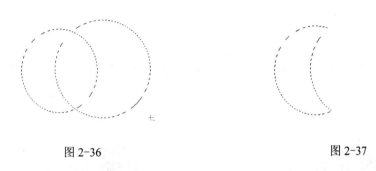

图 2-36　　　　　　　　　　　　　　　　　图 2-37

3）选区相交

如果要得到两个选区重叠的部分，那么就要通过与选区交叉的方法来实现。选择一种选框工具，例如，椭圆选框工具，拖拉形成一个椭圆选区，其次在椭圆选框工具的选项栏中单击![]图标，或同时按【Alt】和【Shift】键，改用矩形选框工具拖拉出一个矩形选区，如图 2-38 所示，此时所用工具的右下角出现"×"符号，松开鼠标后所得的结果为两个选区的交集，如图 2-39 所示。

图 2-38　　　　　　　　　　　　　　　　　图 2-39

 小提示

可以通过快捷键的方式完成选区的相加、相减和相交，【Shift】键为相加，【Alt】键为相减，组合键【Alt+Shift】为相交。

2. 关于修改命令

"修改"命令在"选择"菜单下，包括"边界"、"平滑"、"扩展"、"收缩"和"羽化"5 个命令，其中"羽化"命令已在规则选区一节中进行了介绍，下面章节将对其他 4 个命令进行逐一介绍。

（1）图 2-40 所示是原始选区，选择"修改"子菜单中的"边界"命令，在弹出的"边界选区"对话框中输入宽度为 8 像素，可以对选择区域加一个边，如图 2-41 所示。

图 2-40

图 2-41

（2）图 2-42 所示是使用"魔棒工具"产生的选区，在"修改"子菜单下选择"平滑"命令，在弹出的"平滑选区"对话框中输入取样半径为 5 像素，单击"确定"按钮，如图 2-43 所示。

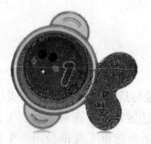

图 2-42

图 2-43

（3）图 2-44 所示是原始选区，选择"修改"子菜单中的"扩展"命令，在弹出的"扩展选区"对话框中输入扩展量为 10 像素，可以扩大选择范围，如图 2-45 所示。

图 2-44

图 2-45

（4）图 2-46 所示是原始选区，选择"修改"子菜单中的"收缩"命令，在弹出的"收缩量"对话框中输入收缩量为 10 像素，可以扩大选择范围，如图 2-47 所示。

图 2-46

图 2-47

操作步骤

以上主要学习了选区的相加、相减、相交，以及"选择"菜单下的"修改"命令，下面通过制作实例，对前面所学知识进行巩固练习。

（1）执行菜单栏中的"文件"→"新建"命令，新建名为"艺术写真"、"宽度"为 351 厘米、"高度"为 23.39 厘米、"分辨率"为 72 像素的 RGB 模式的文件。

（2）在 Photoshop 中打开本章素材图 7.jpg，使用"移动工具"将其移动到"艺术写真"文件中，得到图层 1，效果如图 2-48 所示。

（3）选择矩形选框工具，制作矩形选区，如图 2-49 所示，选择椭圆选框工具，在椭圆选框工具的选项栏中单击 图标，或在按【Shift】键的同时，用此工具拖拉出 4 个椭圆选区，得到如图 2-50 所示选区。将前景色设置为白色，新建图层，得到图层 2，按组合键【Alt+Del】在选区内填充白色，按组合键【Ctrl+D】取消选区，效果如图 2-51 所示。

图 2-48　　　　　　　　　　　　　图 2-49

图 2-50　　　　　　　　　　　　　图 2-51

（4）打开素材图 8.jpg，使用"移动工具"将其移动到"艺术写真"文件中，得到图层 3，选择"编辑"→"自由变换"（组合键【Ctrl+T】），将人物变成合适大小，如图 2-52 所示，在按【Ctrl】键的同时，单击图层 2 的缩略图，选择"选择"→"修改"→"收缩"，在弹出的"收缩量"对话框中输入收缩量为 3 像素，如图 2-53 所示，选择"选择"→"反向"（组合键【Ctrl+Shift+I】），按【Del】键将素材多余部分删除，选择"选择"→"取消选择"（组合键【Ctrl+D】）将选区取消，得到如图 2-54 所示效果。

图 2-52　　　　　　　　　　图 2-53　　　　　　　　　　图 2-54

（5）打开素材图 9.jpg，使用"移动工具"将其移动到"艺术写真"文件中，得到图层 4，选择"编辑"→"自由变换"（组合键【Ctrl+T】），将人物变成合适大小，如图 2-55 所示，选择矩形选框工具，制作矩形选区，选择"选择"→"反向"（组合键【Ctrl+Shift+I】），按【Del】键将素材多余部分删除，选择"选择"→"取消选择"（组合键【Ctrl+D】）将选区取消，效果如图 2-56 所示。

图 2-55　　　　　　　　　　　　　　　图 2-56

（6）在按【Ctrl】键的同时，单击图层 4 缩略图，载入图层 4 的选区，选择"选择"→"修改"→"边界"，在弹出的"边界选区"对话框中输入宽度为 3 像素，得到如图 2-57 所示选区，新建图层 5，设置前景色为白色，按组合键【Alt+Del】，填充白色，如图 2-58 所示。

图 2-57　　　　　　　　　　　　　　　图 2-58

（7）打开素材图 10.jpg，使用"移动工具"将其移动到"艺术写真"文件中，得到图层 6，步骤同（5）、（6），得到如图 2-59 所示效果。

图 2-59

（8）执行菜单栏中的"文件"→"另存为"命令，将该文件另存为"艺术写真.psd"文件。

总结与回顾

本章通过"儿童艺术照"设计和"艺术写真"两个精彩实例的制作，主要学习了 Photoshop CS3 中选区的相关知识。包括规则选框工具、套索工具、魔棒工具的使用以及选区的相加、相减和相交，以及选择菜单下一些命令的使用。

 知识拓展

1．渐变工具

渐变工具：在填充颜色时，颜色变化有从一种颜色到另一种颜色的变化，或由浅到深、由深到浅的变化，还可以创建多种颜色间的逐渐混合。此工具的使用方法是按鼠标键拖曳，形成一条直线，直线的长度和方向决定了渐变填充的区域和方向，拖曳鼠标的同时按【Shift】键可保证鼠标的方向是水平/竖直或 45 度，选择工具箱中的渐变工具，可看到如图 2-60 所示的工具选项栏。

图 2-60

在工具选项栏中，通过单击小图标，可以选择不同类型的渐变，包括线性渐变，径向渐变，角度渐变，对称渐变和菱形渐变。选择不同的渐变类型，产生的渐变效果不同。

单击"模式"右边的按钮 正常 ，在弹出的菜单中选择渐变色和底图的混合模式；通过调节"不透明度"后面的数值可以改变整个渐变色的透明度；选择"反向"复选框可以使现有的渐变色变成与之相反的方向；选择"仿色"复选框，可以使色彩过渡更平滑；选择"透明区域"复选框对渐变填充使用透明蒙版。

单击渐变预视图标后面的小三角 ，会打开"渐变"拾色器调板，如图 2-61 所示，在调板中可以选择预定的渐变，也可以自定义渐变色。下面介绍如何设置新的渐变色。

（1）单击渐变工具选项栏中的渐变预视图标，弹出"渐变编辑器"对话框，如图 2-62 所示。单击任意渐变图标，在"名称"后面就会显示其对应的名称，并在对话框的下部分有渐变效果预视条显示渐变的效果，可以进行渐变的调节。

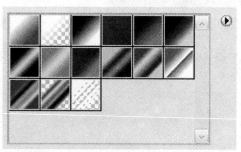

| 图 2-61 | 图 2-62 |

（2）在预设中选择一种渐变进行重新编辑，在渐变效果预视条中调节任何一个项目后，"名称"后面的名称自动变成"自定"，用户可以自己输入名字，如图 2-63 所示，渐变编辑器中各项内容，在后面会对各项内容进行详细讲解。

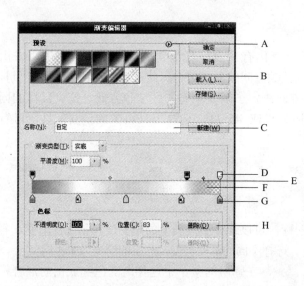

A. 单击此三角可弹出菜单，用来载入其他内定的渐变或将修改后的渐变恢复到初始状态
B. 渐变显示窗口
C. 渐变名称栏
D. 不透明度色标
E. 不透明度中点
F. 渐变效果预视条
G. 颜色标记点
H. 透明度或颜色标记点的数据显示和删除栏

图 2-63

（3）渐变效果预视条下端有颜色标记点，可以看到图标上半部的小三角是白色的，表示没有选中，单击图标，上半部的小三角变成黑色，表示已将其选中。在"色标"栏中，"颜色"后面的色块会显示当前选中标记点的颜色，单击此色块，可以在弹出的"拾色

器"对话框中修改颜色。■图标的下半部是方形，方形的颜色与渐变效果预视条上的颜色相对应，与"颜色"后面的色块的颜色是一样的。在"位置"后面显示标记点在渐变效果预视条的位置，可以通过输入数字来改变颜色标记点的位置，也可以通过拖动渐变效果预视条下端的颜色标记点。单击后面的"删除"按钮可将此颜色标记点删除，也可以用鼠标将其拖走。两个颜色标记点之间有一个很小的菱形，默认情况是菱形位于两个标记点的中间，如图 2-64 所示，表明颜色组成是两边颜色标记点对应颜色各占 50%。可以通过鼠标拖动来改变其位置，单击菱形，在"色标"栏中会显示其位置。

（4）渐变效果预视条上端有不透明度标记点█，可以看到█图标下半部的小三角是白色的，表示没有选中，单击█图标，下半部的小三角变成黑色█，表示已将其选中。在"色标"栏中，"不透明度"后面会显示当前选中标记点的不透明度。在"位置"后面显示标记点在渐变效果预视条的位置，单击后面的"删除"按钮可将此颜色标记点删除，也可以用鼠标将其拖走。两个不透明标记点之间有一个很小的菱形，默认情况是菱形位于两个标记点的中间，如图 2-65 所示，表明不透明度组成是两边不透明度标记点对应不透明度各占 50%。可以通过鼠标拖动来改变其位置。

图 2-64　　　　　　　　　　　　　　　　　　图 2-65

（5）如果要增加颜色标记点或不透明度标记点，则在渐变效果预视条上任意位置单击。

（6）将需要的颜色设置好后，单击"新建"按钮，在渐变显示窗口中就会出现新创建的渐变。单击"确定"按钮，退出渐变编辑器，在工具选项栏的弹出面板中就可以看到新定义的渐变色。

2．变换选区

在制作选区时，不可能一次就完成所需要的选区，有时需要调整大小，这可以使用变换选区的命令。当有浮动选区时，选择"选择"→"变换选区"命令，这时会显示带有 8 个节点的方框，如图 2-66 所示，拖动鼠标可对方框进行放大缩小及旋转操作，如图 2-67 所示，按【Enter】键可以进行确认，按【Esc】键，可取消操作。

图 2-66　　　　　　　　　　　　　　　　　　图 2-67

小提示

变换选区（组合键【Ctrl+T】）与变换的区别：变换选区是对浮动的选择线进行变形操作，而图像不变，变换是对图像进行变形操作。

3. 色彩范围

"选择"菜单下的"色彩范围"命令是一个利用图像中的颜色变化关系来制作选择区域的命令，对话框如图2-68所示。

（1）使用"颜色容差"滑块或输入一个数值来调整颜色范围。"颜色容差"选项通过控制相关颜色包含在选区中的程度来部分地选择像素。

（2）调整选区，若要添加颜色，选择带加号的吸管工具在图像区域点按，若要移去颜色，选择带减号的吸管在图像区域点按。

图 2-68

小提示

也可选择左侧第一个吸管工具，按【Shift】键来增大选择区域的范围，按【Alt】键来缩小选择区域的范围。

（3）在"色彩范围"对话框的中间有预视图，预视图的下方有两个选项："选择范围"和"图像"。当选中"选择范围"选项时，预视图中以256灰阶表示选中与非选中的区域，白色表示全部选中区域，黑色表示未选中区域，中间色调表示部分被选中区域。当选择"图像"选项时，在预视图中就可看到彩色的原图。

（4）要在图像窗口中预览选区，请为"选区预览"选取以下一个选项。

◇ 无：不在图像窗口中显示任何预览。

◇ 灰度：以灰度图来表示选择区域。

◇ 黑色杂边：显示黑色背景。

◇ 白色杂边：显示白色背景。

◇ 快速蒙版：以快速蒙版来表现选择区域。

（5）色彩范围的应用。

◇ 打开如图2-69所示的素材图11.jpg，将素材中小孩的衣服改变一种颜色，使用多边形套索工具，选取小孩衣服的大概范围，如图2-69所示。

◇ 在工具箱中选择吸管工具，在人物衣服上的绿色区域单击，前景色变成绿色，选择"选择"→"色彩范围"，设置如图2-70所示，单击"确定"按钮，得到如图2-71所示选区。

图 2-69　　　　　　　　　　图 2-70　　　　　　　　　　图 2-71

❖ 选择"图像"→"调整"→"色相/饱和度"（组合键【Ctrl+U】），设置如图 2-72 所示，注意要勾选"着色"这一项，组合键【Ctrl+D】取消选区，最终效果如图 2-73 所示。

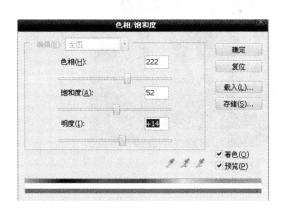

图 2-72　　　　　　　　　　　　　　　　　　　图 2-73

2.3　课后实训 1

选区是 Photoshop CS3 中的重要内容，Photoshop CS3 中引入选区，为人们对文件进行局部的修改、填充提供了便利。请利用所学知识，绘制如图 2-74 所示的实例。

图 2-74

操作提示

　　使用多边形套索工具制作多边形选区，设置前景色为黄色，使用"填充"命令或者快捷键进行填充，使用组合键【Ctrl+T】将小孩素材图改变到合适大小，将之前制作的多边形选区使用"选择"→"变换选区"命令缩小，将小孩素材图多余部分删掉。

2.4　课后实训2

　　请运用所学选区知识，制作如图2-75所示的艺术照效果。

图2-75

 操作提示

　　使用多边形套索工具将人物轮廓抠出来，放在背景图片上，使用规则选区工具，制作圆形选区与矩形选区，填充白色，将人物图片放入背景图合适位置上，选择"选择"→"修改"→"收缩"，将人物多余部分删除，完成艺术照效果。

课后习题

　　1. 填空题

　　（1）规则选框工具包括（　　　）、（　　　）、（　　　）和（　　　）。

　　（2）按（　　　）键可将前景色和背景色切换至默认状态下的白色和黑色。

　　2. 选择题

　　（1）通常为选区填充实色后，选区边缘的颜色有锐利的分界边缘，要使此处的颜色过渡比较柔和，简单有效的操作方法是下列哪一项（　　　）。

A．利用模糊工具在选区边缘拖动

B．在选区中先填充渐变，然后再填充所需要的实色

C．利用画笔工具在选区边缘拖动

D．利用羽化命令将选区羽化 1～2 个像素

（2）如果前景色为红色，背景色为蓝色，直接按【D】键，然后按【X】键，前景色与背景色将分别是什么颜色（　　　）。

A．前景色为蓝色，背景色为红色　　　　　　B．前景色为红色，背景色为蓝色

C．前景色为白色，背景色为黑色　　　　　　D．前景色为黑色，背景色为白色

（3）在自由变换命令的状态下，按哪组快捷键可以对图像进行透视变形（　　　）。

A．【Alt+Shift】　　　　B．【Ctrl+Shift】　　　　C．【Ctrl+Alt】　　　D．【Alt+Ctrl+Shift】

3．判断题

（1）如果矩形选择工具的工具选项条中的"添加到选区"按钮被按下，则无法使用此工具移动一个已存在的选区。（　　　）

（2）自由变换的组合键是【Ctrl+D】。（　　　）

第**3**章

修饰图像

 重点知识

1. 掌握修复画笔工具的使用方法和技巧。
2. 掌握仿制图章工具的使用方法和技巧。
3. 掌握人物面部精修的方法和技巧。
4. 掌握婚纱照衣服穿帮精修技巧。

作为 Adobe 公司旗下出名的图像处理软件，Photoshop 在影楼后期图片处理中尤为突出。

所谓修饰图像是指在原有图像的基础上对图像本身进行修改、编辑，对图片的瑕疵进行修复，对图像颜色进行更改，对多张图片进行合成，以达到美化原图、改善照片质量、甚至做出以假乱真的奇幻效果。

数码照片的后期处理主要包括修片、调色及数码合成三大部分内容。

修片包含的内容非常广泛，简单来说可以分为两类。一类主要是修复破损的照片、有瑕疵的图像细节，如去除青春痘、修复破损照片、去除画面杂物等。另一类主要是为了美化照片而对照片局部进行"无中生有"的修改，以期达到特殊的美化效果，如给人物调整肤色、使皮肤更光滑、修改脸型与体型等。

3.1　课堂实训 1　修复人物脸部斑痕

 任务描述

在后期图片制作中，经常遇到要给照片处理脸部细节的情况，对于设计师来说这是比较常见的。要把脸部的细节处理好，让其表达得自然、快速便捷，就需要运用修复画笔工具。本任务将针对照片上脸部有很多小痘痘任务提供快速、完善的解决方案。

效果分析

本例的目的是让大家掌握图片局部修饰完善的处理方法，了解修图工具的使用、特殊效果的处理技巧，同时熟悉图层之间的关系。本例关注的重点是在学习软件的同时，让大家了解工具可以扩展其功效，从而起到举一反三的作用。

要做出本例的效果，首先要对图片处理有清晰的认识，并能够熟练掌握修复工具的使用技巧。案例的效果如图 3-1 和图 3-2 所示。

图 3-1　　　　　　　　　　　　　　图 3-2

知识储备

"修复画笔工具"是修复和修饰图像的重要工具之一，修复画笔工具用于修饰图像的缺陷，并可以使修饰的图形融入背景图像中。在数码相片后期处理中通常用修复画笔工具来大面积地处理图片，修补工具主要应用于图像的小面积处理。

1. 修复画笔工具，（见图 3-3）

图 3-3

修复画笔工具主要运用于修饰图片中的缺陷，是从图像中取样复制到需要修改的部位填充修改。修复画笔工具在复制填充图案时会将取样点图案像素自然融入到目标的图像位置中，其图案纹理、亮度能够完美地自然结合。

单击工具箱中的修复画笔工具便会出现修复画笔工具的选项栏，在选项栏中"画笔"可以修改修复画笔工具的画笔大小、硬度、间距、角度和圆度的数值，与仿制图章工具不同之处是不能改变画笔形状，只能选择圆形的画笔。在"模式"弹出的菜单栏中可以选择所选目标与底图的混合模式，如图 3-4 所示。

"源"后面有"取样"与"图案"两个选项，选择"取样"选项时，首先按【Option（Mas OS）/Alt（Windows）】键选择所需要的取样点，其次松开【Option（Mas OS）/Alt（Windows）】键，将鼠标移动到要复制修复的位置，单击拖动鼠标即可。当选择"图案"选项时，与"取样"不同的是可以直接以图案进行填充。在"图案预览图"弹出的调板中选择预定的图案，也可以使用自定义图案，如图 3-5 所示。

图 3-4

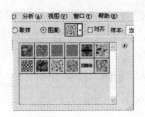

图 3-5

知识拓展

自定义图案，用选框工具选择一个没有设置羽化值的选区，执行"编辑"→"定义图案"命令，弹出"图案名称"对话框，在图案名称栏中输入所定义图案的名称，单击"好"按钮将图案储存。当执行"图案"选项时，在图案预览中就可以看到自定义的图案。

"对齐"选项在修图中非常实用，尤其在修复过大的图片的修复过程中可能需要经常停下来调整，以便设置修复画笔的大小与软硬强度等。在修复的过程中会多次反复选择"对齐"选项，所修改的目标点不会因为改变位置而与源取样点错位。在选择"图案"选项时选择"对齐"复选框，在复制修复中图案都会排列整齐；不选"对齐"复选框，当再次复制修复时的图案会以鼠标落点为起点复制，无法整齐地排列。

"样本"选项弹出的对话框中包含"当前图层"、"当前和下方图层"和"所有图层"3个选项，用来设定所执行的操作图层。在修饰图片的过程中如果有多个图层进行复杂修复，"样式"选项中可以选择"当前和下方图层"或"所有图层"。

在修复图片的过程中两个图像之间也可以进行修复工作，但要求是两个相同图像模式的图片。

以下以案例来介绍"修复画笔工具"的使用。

（1）打开 Photoshop，选择"文件"→"打开"命令，在"打开"对话框中选择本节素材，如图 3-6 和图 3-7 所示。

图 3-6

图 3-7

（2）素材是两个 CMYK 的图片，通过移动工具把图 3-6 移动到图 3-7 中。

小提示

在同一个文件中复制修饰，不但要求色彩模式统一，更重要的是图像的文件大小恰当，图案大小可以对比调整，自由变换为组合键【Ctrl+T】。

① 把人物图片复制到风景图片中。

② 通过组合键【Ctrl+T】自由变换,使人物与风景达到一个合适的比例,如图 3-8 所示。

(3)为了更好地完成修图任务,在"修复画笔工具"的选项栏中,将画笔硬度数值设为 0%,根据图像设定画笔大小,便于制图的完成,如图 3-9 所示。

图 3-8

图 3-9

小提示

在操作文件图像上单击鼠标右键即可弹出"画笔"选项栏。

(4)绘制空中海市蜃楼。

① 本例是多图层的文件,要对文件中的图像进行调整。在"样式"选项中选择"当前和下方图层"命令,同时把风景背景图层变成普通图层,更换人物图层与风景图层的位置。

② 在"图层"调板中选择人物图层,隐藏风景图层,按【Option(Mas OS)/Alt(Windows)】键在下一个图层中单击取源目标点,松开【Option(Mas OS)/Alt(Windows)】键,如图 3-10 所示。

图 3-10

③ 显示风景图层并选择风景图层,在风景图层中拖动鼠标绘制,可以看到人物完全融入到天空中,图像色相、亮度融合到一起完成海市蜃楼的创作,如图 3-11 和图 3-12 所示。

图 3-11

图 3-12

2. 修补工具

"修补工具"可以从图像的其他区域选择图案或使用图案来修补当前需要完善的区域，并保持其纹理、亮度和层次，被修复的图像像素和周围像素可以完美结合。它主要用于修饰图像当中细小的瑕疵。

小提示

当在图像中选择用来修饰图案的区域时，尽量缩小需要修饰的区域范围，并选择相近的图案复制修饰。

在修图过程中首先确定需要修饰的选区，通过鼠标在需要修饰的地方画好选区，在"修补工具"选项栏中设置"添加选区"、"从选区减去"和"与选区交叉" 3 个选项来创建任何形状的选区。

以下以修复人物图像（痘痘去无踪）为例来介绍"修补工具"的使用。

（1）打开 Photoshop，选择"文件"→"打开"命令，在"打开"对话框中选择本章素材图，如图 3-13 所示；人物脸部"痘痘已悄悄上岗"，现在要用"修补工具"来修饰脸部让痘痘"下岗"。

（2）在"修补工具"的选项栏中选择"源"选项，用"修补工具"拖动鼠标圈住需要修饰的局部，如图 3-14 和图 3-15 所示。

图 3-13

图 3-14

（3）把鼠标的指针移动到创建的选区中单击鼠标左键，移动到与需修饰的选区图案相近的地方，松开鼠标，需修饰的图案会被后来选中的图案覆盖完成图像替换，人物皮肤纹理完美地结合，效果如图 3-16～图 3-20 所示。

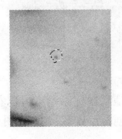

图 3-15

图 3-16

小提示

当使用"修补工具"修复图像时，选择"修补工具"选项栏的"目的"选项时，需选择与需要修饰的图案局部相近的图案来完成图案替换。

图 3-17

图 3-18

图 3-19

图 3-20

小提示

"修补工具"所创建的选区，可以通过组合键【Ctrl+Alt+D】羽化选区来设定羽化值，使其得到更完美的效果。当"修补工具"在图片中创建选区时，"修补工具"选项栏中的"使用图案"选项可操作，在弹出的图案调板中选择图案，单击"使用图案"选项，图像中所选择的区域会被所选择的图案填充。

3. 污点修复画笔工具

"污点修复画笔工具"与"修补"工具一样主要用来修饰图像中细小的瑕疵，不同之处是"污点修复画笔工具"不需要选择"源"或"目标"，而是直接单击需要修复的局部进行修饰完善。

操作步骤

以上学习了 Photoshop CS3 中"修复画笔工具"、"修补工具"的相关知识，下面通过"修复人物脸部斑痕"的实例——轻松下"斑"，对以上所学知识进行巩固练习。

（1）打开 Photoshop，选择"文件"→"打开"命令，在"打开"对话框中选择本章素材图 1.jpg，如图 3-21 所示。

图 3-21

打开素材后，在 Photoshop 的图层面板中可以观察到一个名为"背景"的图层。在图层名称的左边是图层缩览图，可以显示图层所包含的图像。修图前先对图片进行分析，可以观察到图片中有较大的"痘痘"，额头、眼睛附近有大面积的"斑痕"。较大的"痘痘"通过"修补工具"处理，大面积"斑痕"通过"修复画笔工具"来处理。

（2）通过"修补工具"来让"痘痘"下岗。在选择"源点"时所圈面积尽量小，选择色彩时选择邻近色，如图 3-22 和图 3-23 所示。

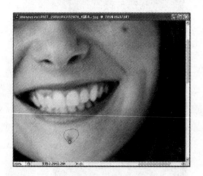

图 3-22

图 3-23

👨‍🎓 **小提示**

放大图片更便于处理，在处理脸部的细小部分时，通过组合键【Ctrl＋+】/可以把图片放大/【Ctrl+-】缩小；同时可以通过【F】键改变屏幕模式来满足修图需要；再通过"抓手工具"（空格键可以临时转换成"抓手工具"）来转换局部。

（3）用"修复画笔工具"来处理脸部"色斑"。首先设置"修复画笔工具"的"画笔"选项硬度为"0"；"源"选项为"取样"；"画笔"直径大小根据图片需处理的局部大小来设定，如图 3-24 所示。

取样点一定要选择颜色、亮度与待修复处相近的区域，如图 3-25 所示。

图 3-24

图 3-25

脸部细节阴影部分一定要缩小画笔，沿着阴影边缘来修，注意不要把阴影处理掉或处理变形。

小提示

眼部"画笔"直径小一些，在处理脸部结构细节的部分需小心；脸部"画笔"直径大一些，"画笔"直径越大处理的面越平整、过度越自然。

（4）在处理过程中首先处理脸部大面积的"色斑"，再处理脸部细节部分，"眼睛"是重点，如图 3-26 所示。

对于脸部转折结构的细节部分，在处理过程中画笔直径需变小同时沿着脸部结构来处理。

（5）处理脸部"色斑"需要细心、耐心，从整体到局部再到整体，处理中随时进行对比，不要出现处理不均匀、脸部色彩过渡不自然，如图 3-27 所示。

图 3-26

图 3-27

此外，还可以对眼睑、下颌和脸部其他细小皱纹进行完善处理。

3.2 课堂实训 2 人物照片精修

任务描述

Photoshop 作为普遍的修图软件被充分运用到各行业，尤其是在影楼图片后期处理的工作中，它以强大的图片处理功能满足人们的审美要求，完善了图片的不足。

本节将人物照片做精心的完善处理如图 3-28 所示，对人物图片做系统的处理，如脸部瑕疵、发丝、服饰和背景等，使人物脸部达到美观细腻，服饰背景完善妥当。

图 3-28

效果分析

本例的目的是让大家熟悉图片处理的规范与技巧，掌握软件在实战中的运用，并了解图片处理的掌控程度与主次关系。

根据图片处理要求，如何选择工具，了解"仿制图章工具"的概念，并能灵活运用工具的功效，熟悉图片处理的操作，因此操作十分简单。本例关注的重点是在学习软件的同时，让大家了解一定的设计原理，从而起到举一反三的作用。

要做出本例的效果，首先要对图片后期处理有一个清晰的认识，并能够熟悉处理的技巧案例的效果如图 3-29 所示。

图 3-29

 知识储备

"仿制图章工具"可以把图像的一部分或全部复制到图像某部分或全部复制，"仿制图章工具"是修补图像常用的工具。

"仿制图章工具"与"修复画笔工具"接近，"仿制图章工具"工具选项栏"画笔"选项可以定义图章不同画笔类型，定义图章的大小、形状和边缘的软硬程度。"模式"选项弹出的菜单中选择图像与下一图层的混合模式，还可以通过设定"不透明度"和"流量"的参数得到不同的仿制效果。

在多个图层的文件中"对齐"、"用于所有图层"与前面所讲到的"修复画笔工具"使用方法一样。

在使用"仿制图章工具"时首先根据图案的需要设定画笔类型、图章大小和边缘的软硬程度，在图像中所选定的位置上按【Alt】键的同时单击鼠标左键确定取样部分的起点，将鼠标放到要绘制复制的地方单击鼠标左键即可绘制。

以下以"完美风景"为例来介绍"仿制图像工具"的使用。

（1）打开 Photoshop，选择"文件"→"打开"命令，在"打开"对话框中选择本章素材图 2.jpg，如图 3-30 所示。

在处理照片的过程中，总会发现假的风景布上会出现折痕、斑点一些细小的瑕疵，处理这一系列照片时首先要认真观察，发现如图 3-31 所示的折痕等。

图 3-30

图 3-31

（2）选择工具箱中的"仿制图章工具"，快捷键为【S】。

在"仿制图章工具"选项栏中设置"画笔"选项直径大小、所需硬度值，或在选择"仿制图章工具"时单击右键，设置"主直径"大小、硬度，如图 3-32 所示。

　小提示

要根据图片的大小来设定"主直径"的参数值。在操作中可以通过快捷键【[】、【]】来设置"画笔"直径的大小。

（3）按【Alt】键在图片中寻找目标点，并通过不断地调整目标点来处理图片，根据图片来调整"主直径"的大小，效果如图 3-33 所示。

图 3-32

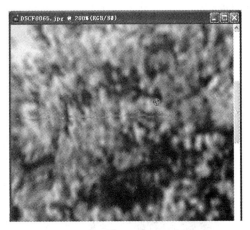

图 3-33

　小提示

在选择目标点时要根据图像所需要修饰的图案色彩和亮度等信息选择图案目标。

（4）在处理人物与风景边缘时需细心处理，把"画笔"直径数值调低。同时放大图

47

片，通过"抓手工具"来拖动图片，效果如图 3-34 所示。

（5）通过调整，风景完美修复，效果如图 3-35 所示。

图 3-34

图 3-35

 操作步骤

以上学习了 Photoshop CS3 中"仿制图章工具"的相关知识，下面通过"修复图片缺陷"的实例——完美图片，对以上所学知识进行巩固练习。

（1）打开 Photoshop，选择"文件"→"打开"命令，在"打开"对话框中选择本章素材图 3.jpg，如图 3-36 所示。

打开素材后，在 Photoshop 的图层面板中可以观察到一个名为"背景"的图层。在图层名称的左边是图层缩览图，可以显示图层所包含的图像。在修缮图片前先对图片进行分析，可以观察到图片中脸部有较大的"痘痘"，脸颊附近有大面积的"斑痕"，头发有点散乱，背景图还有道细线瑕疵。较大的"痘痘"通过"修补工具"处理，大面积"色斑"、"背景瑕疵"、"凌乱头发"通过"仿制图章工具"来处理，效果如图 3-37 所示。

图 3-36

图 3-37

（2）通过"修补工具"来完善图片，在选择"源点"时所圈面积尽量得小，选择取样点时尽量选择邻近区域，如图 3-38 和图 3-39 所示。

图 3-38

图 3-39

（3）通过"仿制图章工具"来完善图片，在选择"源点"时所圈面积尽量得小，选择色彩时选择邻近色，如图 3-40 所示。

首先处理脸部细节，脸颊、眼角、鼻翼和嘴角是重点观察处理的地方。

在仿制图章工具选项栏中设置选项参数，"不透明度"选项数值为 35；"画笔"选项硬度参数为 0，直径根据修改的面积大小来设定，效果如图 3-41 所示。

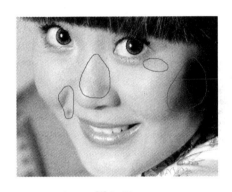

图 3-40

图 3-41

🎓 小提示

要根据图片的大小来设定"主直径"的参数值。在操作中可以通过快捷键【[】、【]】来设置"画笔"直径的大小；放大图片更便于处理，在处理脸部的细小部分时，通过组合键可以把图片放大（【Ctrl++】）或缩小（【Ctrl+-】）；同时可以通过【F】键改变屏幕模式来满足修图需要；再通过"抓手工具"（空格键可以临时转换成"抓手工具"）来转换局部。

（4）修饰发丝，通过"仿制图章工具"，把"不透明度"选项的参数改为 100，效果如图 3-42 所示。

（5）修饰背景，通过"仿制图章工具"来处理背景划痕和衣服的瑕疵。在修改细节时，图片尽量放大，效果如图 3-43 所示。

图 3-42   图 3-43

（6）修饰手臂，在"仿制图章工具"选项栏中设置选项参数，"不透明度"选项数值为30，"画笔"选项硬度参数为 0，直径根据修改的面积大小来设定，并根据上臂的边缘通过多边形套索工具选择，羽化值为 1，如图 3-44 和图 3-45 所示。

图 3-44   图 3-45

（7）通过"曲线工具"对图片适当调整，最终效果如图 3-46 所示。

图 3-46

知识拓展

1．图案图章工具

"图案图章工具"可以根据设计需要将各种图案填充到图像中；"图案图章工具"的选项栏与前面所讲"仿制图章工具"设计的选项相似，二者不同之处是"图案图章工具"是以设置好的图案填充图像，在绘制过程中不需要按【Alt】键选择目标源。

"自定义图案"在前边的知识中讲过,用选框工具选择一个没有羽化值的区域,执行"编辑"→"定义图案"命令,在弹出的对话框中输入"名字"可将图案保存起来。选择"图案图章工具"根据制图需要设置好选项栏中的各项,选定好图案即可绘制图案。当选定好"图案图章工具"的"对齐"选项时,无论在制图绘制中停顿多少次,绘制的图案依然整齐排列。

2. 历史记录画笔

在工具实战中不可避免地会出现错误操作或反复修改,"历史记录画笔工具"以其强大的还原修复功能为设计者提供便利。

"历史记录"可移动调板用来记录操作步骤,软件默认状态记录 20 步,如内存允许可将所有操作步骤记录下来,可随时返回任何一个步骤,查看任何一个操作步骤的效果。选择"窗口"→"历史记录"调板,如图 3-47 所示。

历史记录调板左边是标记框,单击标记框就可以设置此图层为历史记录画笔的"源",同时前边会出现标记"",一次只能选择一个"源"图层。"历史记录"调板下方是"创建新快照",可以把操作的当前图层效果保存到"历史记录"调板中。

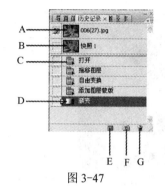

图 3-47

A—原图　B—快照　C—操作步骤记录
D—当前操作步骤记录　E—从当前状态创建新文档
F—创建新快照　G — 删除当前状态

用鼠标单击任何一个记录的状态界面中的图像就会变成相对应的步骤时的效果;在创作过程中修图需要反复地调整修改,为了满足创作的需要,在制图的过程中会把重要的制图效果创作成快照,只需要单击"历史记录"调板下方的"创建新快照"即可,这样就可以通过快照图层来衡量效果并进行对比,无须考虑操作是否超过了设置的记录步骤。

在"编辑"→"高级"→"首选项"→"常规"(组合键【Ctrl+K】)的"性能"子菜单栏里设定历史记录的步骤数,如图 3-48 所示。

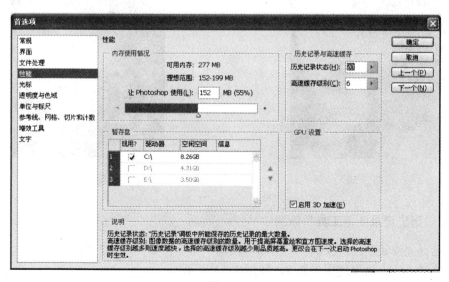

图 3-48

"历史记录画笔工具"与"仿制图章工具"相似，它可以把图像的一个状态或设置好的快照绘制到当前的操作图像中。在处理图片的过程中，"历史记录画笔工具"可以对图像整体或局部进行还原编辑，从操作图层还原到所选的状态图层。在学习中可以看到"历史记录画笔工具"与"历史记录"调板是分不开的。

操作步骤

在图片后期制作中，给人物照片处理脸部细节，对于设计师来说是比较常见的。要把脸部的细节处理好，让其表达得自然、快速便捷，就需要运用"历史记录画笔工具"。本任务将针对照片上脸部有很多小痘痘任务提供快速、完善的解决方案。

1. 打开图像背景

（1）打开 Photoshop，选择"文件"→"打开"命令，在"打开"对话框中选择本章素材图 4.jpg，如图 3-49 所示。

打开素材后，首先需要整理思路，照片脸部有大面积的小痘痘就需要整体统一地来进行处理。首先将使用高斯模糊滤镜对这个脸部做处理；其次将使用"历史记录画笔工具"来处理。这种方法的特点是快速、有效，非常适合影楼后期按件计酬的工种。

图 3-49

（2）使用"修复画笔工具"或"修补工具"修饰两个颜色较深的疤痕。

根据任务要求对整个情景中的问题进行讨论，正好对应复习的知识点。修饰前图片和修饰后图片如图 3-50 和图 3-51 所示。

图 3-50

图 3-51

2. 用"历史记录画笔工具"修图

（1）选择"滤镜"→"模糊"→"高斯模糊"命令，如图 3-52 所示，用多大值要按图片的像素数量决定，这里使用参数 8，如图 3-53 所示。

图 3-52 　　　　　　　　　　　　　　　　图 3-53

🎓 **小提示**

要对比图片的处理效果来设置高斯模糊半径的参数值。

（2）选择"窗口"菜单栏下的"历史记录"调板，在"历史记录"调板上创建快照 1，如图 3-54 所示。

（3）返回历史记录面板，选择快照 1 图层设置历史画笔工具的源，再选择原始图，如图 3-55 所示。

图 3-54 　　　　　　　　　　　　　　　图 3-55

（4）选择"历史记录画笔工具"，在"历史记录画笔工具"选项栏中设置"画笔"选项直径大小、所需硬度值，或在选择"历史记录画笔工具"时单击右键，设置主直径大小，硬度，如图 3-56 所示。

小提示

要根据图片的大小来设定主直径的参数值。在操作中可以通过快捷键【、】来设置"画笔"直径的大小。

（5）选择历史记录画笔工具避开五官开始打磨，到脸部五官、脸部结构、发髻、下颌底部时需把"画笔"直径设置小一些，处理后的效果如图 3-57 所示。

图 3-56

图 3-57

（6）通过选择"图像"→"调整"→"曲线"（组合键【Ctrl+M】）调整曲线，最终效果如图 3-58 所示。

 小提示

历史记录画笔的主直径大小可以根据人物脸部的细节来更改，不透明度也可以调得低一些。

图 3-58

知识拓展

"高斯模糊滤镜"主要是使图片整体或局部地降低图像的清晰度，降低图像中色彩的差距使图像柔和细腻。在局部图片处理上，创建选区是根据需要加大羽化值，使其被"高斯模糊"的图像融合。选择"滤镜"→"模糊"→"高斯模糊"命令，弹出"高斯模糊"对话框。

3.3　课堂实训 3　使用外挂滤镜做人物磨皮

 任务描述

随着计算机的普及，Photoshop 作为普遍的修图软件被人们所知，尤其是很多摄影爱好者都是自己来处理摄影图片，虽然很多人没有系统地学习过 Photoshop 软件的操作，但是它强大的外挂滤镜图片处理功能可以满足人们的审美要求，完善图片的不足之处。

本节将人物照片通过 Photoshop 的外挂滤镜来完善处理。对人物图片做系统的处理，如脸部瑕疵、皱纹和色斑等，使人物脸部达到美观细腻，服饰背景完善妥当。

 效果分析

本例目的是让大家熟悉通过外挂滤镜来处理图片，掌握软件扩展知识并学习运用，了解图片处理的掌控程度与主次关系。

根据图片处理要求，如何选择工具，了解"外挂滤镜"的概念，并能灵活运用工具的功效，熟悉图片处理的操作，因此操作十分简单。本例关注的重点是学习外挂滤镜的磨皮滤镜。案例的效果如图 3-59 和图 3-60 所示。

图 3-59

图 3-60

知识储备

1. 外挂滤镜简介

滤镜是一种特殊的图像效果处理技术，目的是为了丰富照片的图像效果。滤镜可以对图像中像素的颜色、亮度、饱和度、对比度、色调、分布和排列等属性进行计算和变换处理，使图像产生特殊效果。

Photoshop 中的滤镜是一个很强大的工具。单个滤镜就可以做出不同的图片效果，一般的滤镜可以通过它的名字来得知其处理后的效果。外挂滤镜是 Photoshop 软件中所没有的，需要手动安装，以其强大的功能来满足人们的需求。

2. 外挂滤镜的安装与使用

找到后缀为.8bf 的文件（滤镜），直接将其复制到 Photoshop 的安装文件夹下 Plug—Ins 文件夹下的"滤镜"文件夹中即可，重启 Photoshop 软件，在滤镜菜单栏中就会找到所安装的外挂滤镜，如图 3-61 和图 3-62 所示。

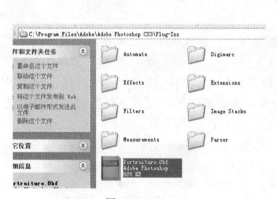

图 3-61

图 3-62

3. 磨皮滤镜

磨皮滤镜是一款 Photoshop 的滤镜插件，用于人像图片润色，减少了人工选择图像区域的重复劳动。它能智能地对图像中的皮肤材质、头发、眉毛和睫毛等部位进行平滑和减少疵点处理。

如图 3-63 所示，1 为磨皮调节设置：设置人物图片的处理力度。

2 为皮肤选区设置：选择人物图片肤色的选择范围。

3 为图片细节的进一步调节：调节图片的整体对比度。

4 为预览区：设置图片处理的对比预览可以同时观看图片处理的对比效果。

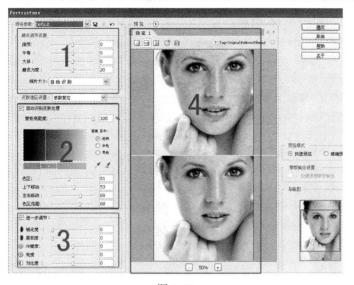

图 3-63

小提示

要根据图片的具体人物肤质来设定磨皮滤镜的参数。

操作步骤

以上学习了 Photoshop CS3 中"磨皮滤镜"的相关知识,下面通过人物照片的实例——磨皮滤镜对以上所学知识进行巩固练习。

（1）打开 Photoshop,选择"文件"→"打开"命令,在"打开"对话框中选择本章素材图 5.jpg,如图 3-64 所示。

（2）选择"滤镜"→"磨皮滤镜（Portraiture）"命令,弹出磨皮对话框。

（3）根据人物图片处理的需求来设定参数,如图 3-65 所示。

图 3-64

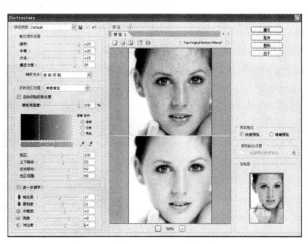

图 3-65

（4）最终效果，如图 3-66 所示。

图 3-66

🎖 小提示

在设置磨皮滤镜的参数时要根据图片的需要来设置参数，同时要观看人物五官细节的变化。在人物脸部有较大的瑕疵痕迹时可先通过仿制图章工具调整，这样有利于画面的平衡调整。

总结与回顾

本章主要学习了 Photoshop CS3 的"修图工具"的基础操作。基础操作知识是将来应用 Photoshop 的基础，知识点较多，操作简单，是本章学习的重点内容。

"修复画笔工具"、"仿制图章工具"和"历史记录画笔工具" 3 个工具在修饰图片中都有自己的特点，但都有相似之处，在处理图片中要学会多个工具配合使用。掌握 3 个工具的操作使用，能够使用任何一个工具来处理修饰图片是本章内容的难点。

3.4　课后实训 1

"历史记录画笔工具"是 Photoshop CS3 中的重要内容，请利用所学知识打开素材图 6.jpg，如图 3-67 所示，再施展面部美容术。

图 3-67

操作提示

使用"修复画笔工具"来处理图片脸部较大的"斑点",再通过"历史记录画笔工具"来处理大面积细小的"色斑"。

3.5 课后实训2

打开本章素材图 7.jpg,如图 3-68 所示中老人的脸部特写照片,并将其皱纹去除,恢复其青春面貌。

 操作提示

使用"仿制图章工具"来处理图脸部皱纹,在淡化皱纹处理的过程中一定要注意处理的力度。

图 3-68

课后习题

1. 填空题

(1)修复画笔工具设置源点的快捷键是( )。

(2)修图工具中"画笔"直径大小可以通过( )、( )快捷键来设置。

2. 选择题

(1)修补工具是( )。

A. 　　　　B. 　　　　C. 　　　　D.

(2)仿制图章工具是( )。

A. 　　　　B. 　　　　C. 　　　　D.

(3)历史记录画笔工具是( )。

A. 　　　　B. 　　　　C. 　　　　D.

3. 判断题

(1)仿制图章工具只能在本图层中进行操作。( )

(2)历史记录画笔工具没有"画笔"选项。( )

第**4**章

图层样式与蒙版

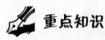
4.1 课堂实训 1 制作珍珠项链

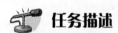

任务描述

图 4-1

图层样式可以说是 Photoshop 中创作质感的专用工具，使用它创造出的质感有乱真的效果。

本节将制作一个珍珠项链，如图 4-1 所示。珍珠柔和的光泽，细腻的质感都是要表达的特点。

效果分析

该珍珠项链的设计不算复杂，首先使用椭圆选区填充颜色制作项链外形，其次使用图层样式中的斜面和浮雕效果制作珍珠的立体效果，分别使用内阴影、内发光、光泽和颜色叠加制作珍珠表面的质感，使用投影为珍珠项链添加阴影效果，完成珍珠项链的设计。在具体的制作过程中，理解斜面和浮雕、内阴影、内发光、光泽和颜色叠加等图层样式对不同材质的表现是本节重点理解的内容。

要想设计出该珍珠项链的效果，首先需要掌握 Photoshop CS3 中图层样式的创建与参数的调整技巧。

知识储备

图层样式是应用于图层的效果组合，用来更改当前图层像素的外观效果。在 Photoshop 中，图层样式常用来制作特效艺术字与物体质感。

对图层应用图层样式可以使用 Photoshop 样式面板提供的预设样式，或者使用"图层样式"对话框来创建自定义样式。本节主要学习如何创建自定义的图层样式。

1．应用图层样式

执行菜单栏中的"图层"→"图层样式"→"混合选项"命令，或在图层面板中双击图层，打开"图层样式"对话框。

在"图层样式"对话框中可以设置的选项有：混合选项、投影、内阴影、外发光、内发光、斜面和浮雕、光泽、颜色叠加、渐变叠加、图案叠加和描边，如图 4-2 所示。

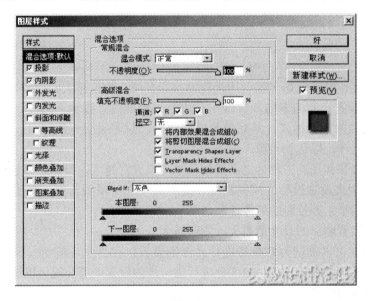

图 4-2

设置好参数后，单击对话框中的"好"按钮，在图层面板中，图层效果图标将出现在图层名称的右侧。可以在图层面板中单击图层效果图标展开样式，以便查看或编辑合成样式的效果。

2．投影

投影效果可以模拟物体在自然光下的影子，添加投影效果后，会出现一个轮廓和图层中像素形状相同的"影子"。可以通过参数设置投影的偏移量，默认情况下投影在右下方。投影的参数如图 4-3 所示。

投影效果的选项有：混合模式、颜色设置、不透明度、角度、距离、扩展、大小、等高线和杂色。

（1）混合模式。由于投影的颜色一般都是偏暗的，而正片叠底恰是偏暗的效果，所以通常不会修改该混合模式。

（2）颜色设置。用来调整阴影的色偏，通常在光源带有一定的颜色属性时使用。

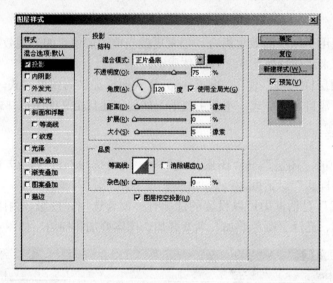

图 4-3

（3）不透明度。默认值是 75%，用来控制投影亮度，数值越大则投影亮度越暗。

（4）角度。设置光源的方向，可以在右边的编辑框内直接输入角度。勾选全局光选项后，所有应用光线的图层样式，其光源角度将统一，只需设置一次即可。如果没有特殊需要，通常勾选此选项，以达到光源方向统一的效果。

（5）距离。投影和图层中物体之间的偏移量，设置得越大，投影距离越远。

（6）扩展。用来设置投影的模糊程度，受"大小"一项的约束。其值越大，投影的边缘越清晰，其值越小，则投影的外缘逐渐透明。

（7）大小。设置阴影的尺寸值越大，阴影越大。

（8）等高线。可以理解为对投影进行光泽的设置，在真实环境中，投影往往受到周围物体的反光影响，等高线用来对阴影部分进行进一步的设置。等高线可以选择不同的预设形态，从而改变投影的效果。

（9）杂色。为投影添加杂色点，加强投影的质感。

3．内阴影

内阴影会在紧靠图层内容的边缘内添加阴影，使图层具有凹陷外观。内阴影的很多选项和投影相同，内阴影模拟光源照射球体的后球体边缘的受光效果。内阴影包括：混合模式、颜色设置、不透明度、角度、距离、阻塞、大小和等高线，如图 4-4 所示。其中混合模式、颜色设置、不透明度、角度、等高线的设置和投影效果的参数相同，这里就不再赘述。

（1）距离。用来设置内阴影在对象内部的偏移距离，值越大，偏离程度越大。

（2）阻塞。设置阴影边缘的透明程度，单位是百分比，效果和"投影"效果中的扩展一项相同，也是和"大小"的设置相关，受其约束。

（3）大小。设置内阴影的尺寸，值越大，内阴影覆盖的范围也越大。

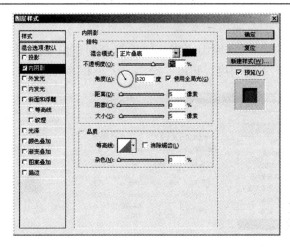

图 4-4

4．内发光

添加从图层内容的内边缘发光的效果。通常模拟物体内部的发光效果、透明玻璃内部的反光效果或高反光物体的边缘高光。内发光可以选择的参数包括：混合模式、不透明度、杂色、颜色、方法、源、阻塞、大小、等高线和抖动，如图 4-5 所示。

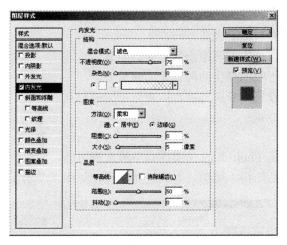

图 4-5

（1）混合模式。发光或者其他高亮效果一般都用混合模式"滤色"来表现，内发光默认的混合模式为最适合表现光的特征的"滤色"模式。

（2）不透明度。不透明度默认值是 75%。该值越大，光线越强，亮度越高。

（3）杂色。杂色用来为光线部分添加杂色点，增强光线的质感。

（4）颜色。可以修改发光的颜色，单击颜色框可以选择其他颜色，也可以单击右边的渐变色框选择渐变色作为光源。

（5）方法。方法的选择值有两个，"精确"和"柔和"，"精确"可以使光线的穿透力更强一些，"柔和"表现出的光线的穿透力则要弱一些。

（6）源。可选值包括"居中"和"边缘"，设置发光位置。

63

5．光泽

在图层内部根据图层的形状应用阴影，通常都会创建出光滑的磨光效果。光泽效果的主要参数设置有：颜色、不透明度、角度、距离、大小和等高线，如图 4-6 所示。

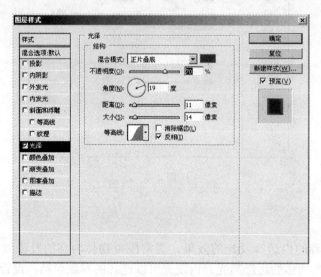

图 4-6

（1）不透明度。设置值越大，光泽越明显；反之，光泽越暗淡。

（2）角度。设置照射表面的光源方向。

（3）距离。设置表面产生的两组光晕之间的距离。

（4）大小。用来设置表面产生的两组光晕的尺寸。

（5）等高线。用来设置光晕的外观，以表达不同的材质。

6．斜面和浮雕

斜面和浮雕可以说是 Photoshop 图层样式中最常应用的，同时也是变化繁多的一项。斜面和浮雕的参数设置包括结构、阴影、等高线和纹理，如图 4-7 所示。

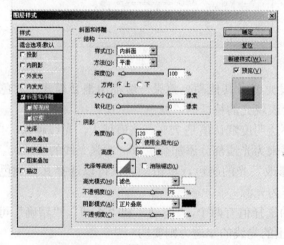

图 4-7

（1）斜面和浮雕的类型。斜面和浮雕的样式包括内斜面、外斜面、浮雕效果、枕状浮雕和描边浮雕。

① 内斜面是默认模式，也是最常用的模式。此种模式为图层中的物体添加高光和阴影，用来模拟物体凸起的立体效果。阴影的混合模式为"正片叠底"，高光的混合模式为"滤色"。

② 外斜面与内斜面相同，也是用来模拟物体凸起的立体效果。不同的是内斜面的立体效果在图层的物体内部（凸起的斜面在内部），外斜面的立体效果在图层的物体外部（凸起的斜面在外部）。在实际效果上也是有一定区别的，内斜面较真实自然。由于外斜面的特殊因素，"大小"与"软化"的设置数值不宜调高。

③ 浮雕效果是内斜面与外斜面效果的综合。

④ 枕状浮雕模拟"嵌入"的立体效果。

⑤ 描边浮雕只有在应用图层样式中的描边效果后，才会看到效果。描边浮雕是对图层样式中的描边效果所添加的描边应用浮雕效果的样式，只有在描边较粗时，才能清楚地观察到其效果。

（2）结构参数。"方法"选项可以设置平滑、雕刻柔和、雕刻清晰。其中"平滑"是默认值，选择这项可以对斜角的边缘进行模糊，从而制作出边缘光滑的浮雕效果，平滑与雕刻清晰的效果如图 4-8 所示。

"深度"选项可以调整浮雕斜边的光滑程度。"方向"的设置值只有"上"和"下"两种，"上"和"下"分别对应凸起与凹陷的状态。"大小"用来设置高台的高度。"软化"控制浮雕效果的反光强烈程度，使表面光线更加柔和。

图 4-8

（3）阴影参数。"角度"选项设置光源的入射角度，"高度"可以反映光源和对象所在平面所成的角度。"光泽"等高线是反映物体表面反光特性的设定项，作用和"曲线"命令相似，不同的等高线会影响到浮雕的对比度。可以通过"曲线"命令中的常见曲线类型来判断应用不同等高线后的效果。

"高光模式"和"阴影模式"可以控制浮雕的高光与阴影的亮度、颜色。

（4）等高线和纹理设置。在斜面与浮雕效果中还有两个子集参数：等高线与纹理。

等高线与阴影参数中的光泽等高线不同，它靠不同的等高线来控制浮雕的结构形态，如图 4-9 所示为使用"M"形等高线后浮雕的形状。

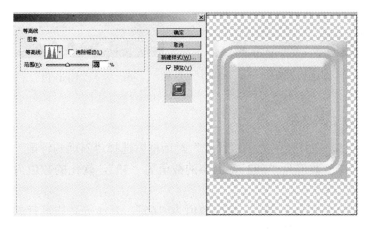

图 4-9

纹理是使用图案在浮雕表面添加凹凸效果，模拟物体的材质，效果如图4-10所示。

纹理常用的选项如下。

缩放：对纹理贴图进行缩放。

深度：修改纹理贴图的对比度。深度越大（对比度越大），层表面的凹凸感越强；反之，凹凸感越弱。

反向：将层表面的凹凸部分对调。

与图层链接：选择这个选项可以保证层移动或者进行缩放操作时纹理随之移动和缩放。

图 4-10

✒ 操作步骤

以上学习了 Photoshop CS3 中图层样式的相关知识，下面通过制作"珍珠项链"的实例，对以上所学知识进行巩固练习。

1．制作项链

（1）执行菜单栏中的"文件"→"新建"命令，新建名为"珍珠项链"、"宽度"为 800 像素、"高度"为 600 像素、"分辨率"为 72 像素的 RGB 模式的文件。

（2）选择工具箱中的"渐变工具"设置蓝色→白色→蓝色的渐变色，蓝色色值为 R：45、G：62 、B：128。

（3）将渐变填充在背景层中，结果如图 4-11 所示。

（4）在图层面板中新建图层，得到"图层 1"。

（5）使用"椭圆选框工具"在"图层 1"中创建选区，设置前景色为白色，按组合键【Alt+Del】向选区填充前景色，完成项链的轮廓，结果如图 4-12 所示。

图 4-11

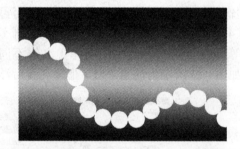

图 4-12

2．创建项链的立体效果

（1）双击图层 1，在打开的"图层样式"对话框中选择"斜面与浮雕"效果。方法选择"雕刻清晰"，设置深度数值为"582"，大小的数值为"70"，软化的数值为"9"。通过设置参数后，珍珠变成了球体。

（2）设置角度的数值为"-60"，高度数值为"65"，光泽等高线选择如图 4-13 所示的等高线类型。这样就赋予珍珠表面的受光效果。

（3）选择"斜面与浮雕"效果的"等高线"子集，设置等高线如图 4-14 所示，完成的结果如图 4-15 所示。

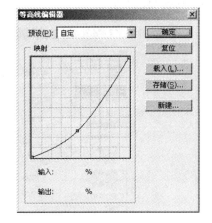

图 4-13　　　　　　　　　　　　　　　图 4-14

图 4-15

3．制作珍珠的表面质感效果

（1）为图层 1 添加"内发光"效果，设置不透明度为"29"，阻塞为"2"，大小为"16"，使珍珠更符合球体的受光特征，参数如图 4-16 所示。

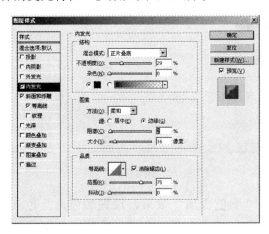

图 4-16

（2）为图层 1 添加"内阴影"效果，设置颜色为蓝色（R：137、G：187、B：222），不透明度为"61"，距离为"5"，阻塞为"28"，大小为"24"，参数如图 4-17 所示。设置为蓝色是为了与背景颜色呼应。

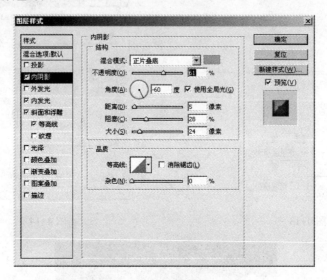

图 4-17

（3）为图层 1 添加"光泽"效果，混合模式选择"亮光"，设置颜色为蓝色（R：137、G：187、B：222），不透明度为"50"，角度为"120"，距离为"9"，大小为"1"，参数如图 4-18 所示。

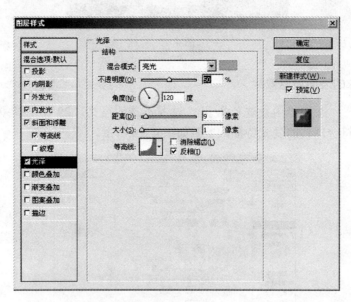

图 4-18

（4）为图层 1 添加"颜色叠加"效果，设置颜色为蓝色（R：137、G：187、B：222），不透明度为"71"。

（5）为图层 1 添加"投影"效果，设置颜色为蓝色（R：78、G：96、B：132），去掉全局光前面的勾选，将角度设置为"122"，距离为"11"，扩展为"8"，大小为"13"，完成本例制作，参数如图 4-19 所示。

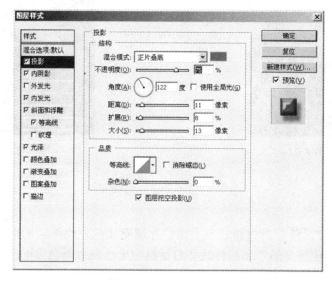

图 4-19

（6）完成本例制作，最终效果如图 4-20 所示。

图 4-20

4.2　课堂实训 2　时尚写真照

 任务描述

图片合成与调色是 Photoshop 常用功能，在 Photoshop 中通常用蒙版与调色命令制作合成与调色。本例将使用图层样式中的混合模式来实现这一效果，制作一张照片合成版式。素材图及最终完成的结果如图 4-21 和图 4-22 所示。

图 4-21

图 4-22

效果分析

本例的制作十分简单，首先新建一个图层并填充颜色，将图层的混合模式设为"正片叠底"。其次在该颜色图层的"图层样式"对话框中更改混合颜色带的设置，实现该颜色图层与背景层的混合。最后为图片添加文字，并设计好版式即可完成最终效果。在具体的制作过程中，理解混合颜色带的设置实现合成效果是本节重点理解的内容。

要想设计出该效果，首先需要学习 Photoshop CS3 中"混合选项"的参数调整方法。

知识储备

下面来学习在 Photoshop CS3 中"混合选项"的参数调整方法。

1. 混合选项

执行菜单栏中的"图层"→"图层样式"→"混合选项"命令，或在图层面板中双击图层，打开"图层样式"对话框，默认界面是混合选项的参数项。混合选项中可以设置的选项有：常规混合、高级混合和混合颜色带，如图 4-23 所示。

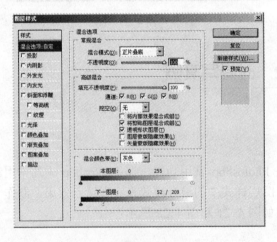

图 4-23

设置好参数后，单击"确定"按钮，在图层面板中，图层效果图标将出现在图层名称的右侧。可以在图层面板中单击图层效果图标展开样式，以便查看或编辑合成样式的效果。

2. 常规混合

常规混合参数与图层面板上方的同名选项功能相同，分别为改变图层混合模式和不透明度的参数设置。

3. 高级混合

高级混合参数包括：填充不透明度、通道、挖空、将内部效果混合成组、将剪贴图层混合成组、透明形状图层、图层蒙版隐藏效果和矢量蒙版隐藏效果。

"填充不透明度"与图层面板的"填充"效果相同，改变参数的设置可以在改变图层像素的透明度的同时保持图层样式的透明度不变。"通道"选项的右方有 3 个选项（RGB 模式下），它可以通过控制颜色通道改变图层内容的显示颜色。这 3 个选项默认是勾选的，代表不对图像色彩进行更改的含义，而一旦去掉某一个选项前的勾选，例如蓝色，则相当于将纯蓝色的色彩与图层中的色彩进行混合。

挖空选项可以在下方的图层上打孔，以实现下方的图层内容。通过以下案例可以看到其应用效果。

（1）执行菜单"文件"→"打开"命令，打开本节素材图 1.jpg。

（2）新建图层，得到"图层 1"。将前景色设为黑色，并填充到图层 1。

（3）新建图层，得到"图层 2"。将前景色设为白色，使用"矩形选框工具"做出一个矩形选区，并填充白色，结果如图 4-24 所示。

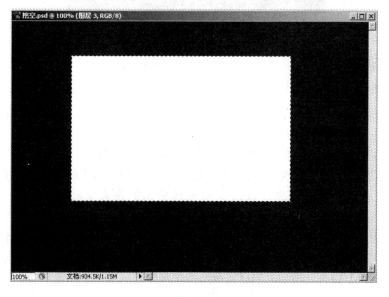

图 4-24

（4）在图层面板中，双击图层 2，打开"图层样式"对话框。将混合选项中的填充不透明度设置为"0"，挖空一项设置为"浅"，如图 4-25 所示。

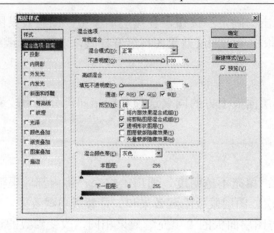

图 4-25

（5）本例制作完成，最终效果如图 4-26 所示。

图 4-26

4．混合颜色带

混合颜色带可以通过"本图层"与"下一图层"两个渐变色条的数值变化，分别控制当前图层和下一图层的隐藏与显示。它是依据图层中像素的亮度来决定显示或隐藏图层中的区域。根据这一功能可以实现图像的合成、图片的上色。

（1）本图层。用来控制当前选择图层从最暗的像素到最亮的像素的显示与隐藏。向右拖动黑色滑块可以隐藏暗调像素，向左拖动白色滑块可以隐藏当前图层的亮调像素。按【Alt】键拖动滑块时将分离滑块，使隐藏或显示的像素中间进行过渡，以使合成更加自然。

（2）下一图层。用于控制当前选择图层下方图层的像素显示与隐藏。与"本图层"的效果不同的是，向右拖动黑色滑块可以显示该层的暗调像素，向左拖动白色滑块可以显示该层图像的亮调像素。按【Alt】键拖动滑块时同样将分离滑块，使隐藏或显示的像素中间进行过渡，以使合成更加自然。

 操作步骤

以上学习了图层样式中混合选项的相关知识，下面通过制作"时尚写真照"的实例，对以上所学知识进行巩固练习。

1．混合颜色

（1）执行菜单栏中的"文件"→"打开"命令，打开本章素材图 2.jpg。

（2）对该图层使用"色阶"命令，按照如图 4-27 所示参数进行调整，加亮图片中的高光区域。

（3）新建图层，得到"图层 1"。设置前景色为 R：18、G：109 、B：70，用前景色填充图层 1。

（4）双击图层 1，打开"图层样式"对话框。在混合颜色带中，向左拖动"下一图层"渐变色条的白色滑块，并使用【Alt】键将其分离，参数如图 4-28 所示。

（5）这样就将图层 1 的颜色与背景层中的暗调像素进行了混合。注意，背景层的高光并未与图层 1 混合，仍旧保持原来的颜色状态，效果如图 4-29 所示。将图层 1 的图层混合模式改为"正片叠底"，并进一步压暗了暗调的亮度。

（6）新建图层，得到"图层 2"。设置前景色为 R：68、G：255 、B：54，用前景色填充图层 2。

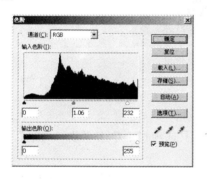

图 4-27

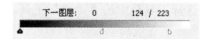

图 4-28

（7）双击图层 2，打开图层样式对话框。在混合颜色带中，向右拖动"下一图层"渐变色条的黑色滑块，并使用【Alt】键将其分离，参数如图 4-30 所示。为图片的高光像素混合浅绿色。

图 4-29

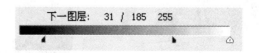

图 4-30

（8）将图层2的不透明度改为"20"，结果如图4-31所示。

图 4-31

2. 设计写真照版式

（1）选择工具箱中的"画笔"工具，在画笔工具选项栏中单击"载入画笔"命令，选择如本例所示的花纹画笔。

（2）新建图层，得到"图层 3"。将前景色设为白色，使用画笔在图像下方画出如图 4-32 所示的花纹。

（3）选择横排文字工具，字体选择"汉仪菱心体"，分别输入"冷"、"酷"、"时尚。"和"YOU CAN DO IT"得到 4 个文字图层，按照图 4-33 所示效果进行文字排版。

图 4-32

图 4-33

（4）为 4 个文字层添加图层样式：内阴影和描边。在内阴影中将图层混合模式改为
"差值"，将不透明度改为"100"，角度为"135"，距离为"28"，大小为"51"，参数如
图 4-34 所示。

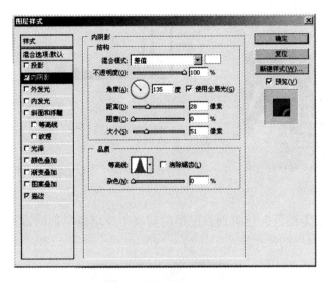

图 4-34

（5）在描边中，设置像素的数值为"1"，颜色为 R：20、G：31 、B：59，参数设置如
图 4-35 所示。

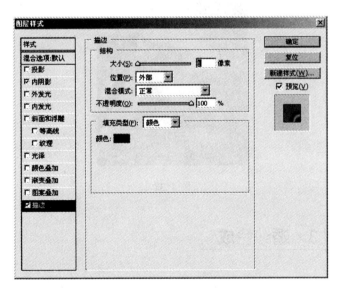

图 4-35

（6）完成后的效果如图 4-36 所示。

3．调整画面亮度/对比度

（1）画面的对比度有点弱，缺乏力度，尤其是暗调不暗，影响画面的观看效果。

（2）在所有图层之上添加"色阶"调整图层，设置色阶的参数如图 4-37 所示。

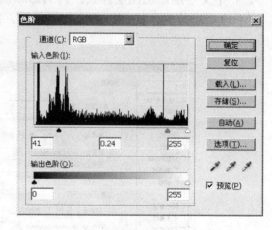

图 4-36 图 4-37

（3）将前景色设为黑色，色阶调整图层的蒙版中使用画笔擦除画面的中间区域，完成本例，最终结果如图 4-38 所示。

图 4-38

4.3 课堂实训3 婚纱合成

任务描述

图层蒙版是 Photoshop 图层中的一个重要概念，使用图层蒙版可以显示或隐藏图层部分区域，并且不破坏图层中的像素。基于此特点图层蒙版常用来进行图片的合成，在影楼后期制作中蒙版更是进行合成、套版的常用技能。本例将使用"图层蒙版"进行图片的合成，并设计制作婚纱相册的版式。最终效果如图 4-39 所示。

图 4-39

效果分析

图层蒙版的应用十分简单，首先新建文件并将素材图片置入文件中，其次使用图层蒙版进行图像的合成，最后整体编排页面的版式即可完成本任务。图层蒙版的操作就是本节重点掌握的内容。

首先需要学习 Photoshop CS3 中"图层蒙版"的创建方法、操作技巧。

知识储备

下面来学习在 Photoshop CS3 中"图层蒙版"的基础知识。

1. 添加图层蒙版

执行菜单栏中的"图层"→"图层蒙版"→"显示全部"命令，或在图层面板中单击"添加图层蒙版"按钮，即可以为当前图层添加图层蒙版。在图层面板中，添加图层蒙版后的图层有两个缩览图，左边的是图层缩览图，右边的是图层蒙版缩览图，如图 4-40 所示。

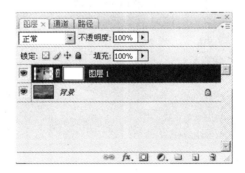

图 4-40

2. 编辑图层蒙版

在图层面板中，单击以激活"图层蒙版缩览图"，选择工具箱中任意绘图工具可以在蒙版上进行编辑。当前景色为黑色时，绘图工具在图像上涂抹将隐藏本图层的内容；当前景色为白色时，绘图工具在图像上涂抹将显示本图层被隐藏的内容，可以简单记忆为"黑色隐藏，白色显示"。在蒙版上涂抹灰色可以看到半隐藏的图层。编辑图层蒙版常用的工具有"画笔"和"渐变"工具等。

 操作步骤

以上学习了图层蒙版的基础知识，下面通过制作"婚纱合成"的实例，对以上所学知识进行巩固练习。

1. 创建跨页

（1）执行菜单"文件"→"新建"命令，新建一个名称为"婚纱合成"，宽度"60 厘米"，高度"44 厘米"，分辨率"200 像素/英寸"，色彩模式为 RGB 的文件。

（2）将前景色设为黑色，按组合键【Alt+Del】，将背景层填充为黑色。

（3）执行菜单"视图"→"新建参考线"命令，在"新建参考线"对话框中设置参考线的位置为 30 厘米，取向为垂直，如图 4-41 所示。

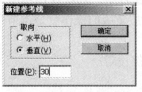

图 4-41

2. 合成图片

（1）执行菜单"文件"→"打开"命令，打开本章素材图 3.jpg 和 4.jpg，将它们放入当前文件中，分别得到图层 1 与图层 2，如图 4-42 所示。

（2）选择单人照图层（图层 2），执行菜单"编辑"→"变换"→"水平翻转"命令，结果如图 4-43 所示。

图 4-42

图 4-43

（3）在图层面板中激活单人照图层（图层 2），为该图层添加图层蒙版。

（4）在图层面板中选择图层 2 的蒙版缩览图，选择"渐变"工具，设定渐变色为黑色到透明的渐变。使用渐变工具编辑图层 2 蒙版，结果如图 4-44 所示。

（5）使用画笔工具对蒙版进行细节上的编辑，完成蒙版的合成，如图 4-45 所示。

图 4-44

图 4-45

3．设计版式

（1）新建图层得到"图层 3"，选择渐变工具，编辑渐变色，渐变的颜色分别为 R：248、G：248、B：87 和 R：255、G：110、B：2。

（2）使用"矩形选框工具"做出一个矩形选区，并且填充刚才编辑好的渐变色到图层 3 中，如图 4-46 所示。

（3）选择"竖排文字工具"，字体为"方正粗活意体"，字体颜色为白色。在文件中输入"浪漫之约"、"我的满足就是与你相伴的日子"。对文字进行排版，结果如图 4-47 所示。

图 4-46

图 4-47

（4）打开素材文件 5.jpg，将其导入当前文件中，得到"图层 4"。设置前景色为 R：242、G：250、B：3，填充到花纹中，并将图层 4 的不透明度设置为"28"，完成本例制作，结果如图 4-48 所示。

图 4-48

总结与回顾

图层样式是 Phototshop 中制作质感的利器之一，只有充分地利用不同的图层样式命令才能做出效果逼真的质感来，而且对物体的材质、受光情况的分析，常常也是制胜的法宝。

图层蒙版是合成的重要工具，在 Phototshop 应用中占有很高的比例，善于利用蒙版可以使作品达到惊人的效果，经常制作合成效果，对于熟练掌握蒙版技巧有很大的帮助。

4.4 课后实训 1

把如图 4-49 所示的素材图，使用混合调色变成如图 4-50 所示的图像。

图 4-49

图 4-50

 操作提示

首先新建一个图层，填充深蓝色，并设置图层样式中的混合颜色带，向左拖动白色滑块。再新建一个填充黄色的图层，设置图层样式中的混合颜色带，向左拖动白色滑块。最后对整张图调整亮度对比度即可。

4.5　课后实训 2

把如图 4-51 和图 4-52 所示的素材图合成为如图 4-53 所示的图像。

图 4-51

图 4-52

图 4-53

 操作提示

此练习是结合"图层样式"、"图层蒙版"和"调整图层"进行制作的。

（1）复制背景层，在复制的"背景副本"图层中使用"最大值"、"高斯模糊"滤镜，使背景副本图层更加朦胧。

（2）为背景副本图层添加图层蒙版并隐藏人物。

（3）导入人物素材，得到图层 1。复制图层 1，得到图层 1 副本。

（4）将图层 1 的混合模式设为"滤色"。为图层 1 副本添加图层蒙版，使用画笔工具编辑蒙版，隐去人物背景。

（5）新建图层，得到图层 2。将前景色设为 R：250、G：21、B：150，填充到图层 2 中。使用图层样式中的混合颜色带为背景层暗调添加粉色调，将图层的不透明度设为"58"。

（6）添加"色阶"调整图层加大图片对比度。添加"曲线"调整图层降低图像整体亮度，使用"画笔工具"编辑"曲线"调整图层的蒙版，使画面中心恢复原来的亮度，画面四周保持暗度。

（7）新建图层，使用"自定形状"工具，选择心形图案，在图层中绘制心形，颜色为 R：250、G：21、B：150。

（8）添加文字图层"那一刻的幸福"、"ROMANTIC"。编辑文字版式，并给文字应用图层样式"投影"，完成本案例。

课后习题

1．填空题

（1）写出 5 个常用的图层样式名称（　　　）、（　　　）、（　　　）、（　　　）和（　　　）。

（2）图层样式中的（　　　）主要用来制作图层内容的立体效果。

（3）在图层蒙版中，当前景色为（　　　）时，使用绘图工具编辑蒙版可以隐藏本图层的内容。

（4）编辑图层蒙版，首先要激活（　　　）缩览图。

2．选择题

（1）在 Photoshop 中下面对于图层蒙版叙述正确的是（　　　）。

    A．使用图层蒙版的好处在于，能够通过图层蒙版隐藏或显示部分图像

    B．使用蒙版能够很好地混合两幅图像

    C．使用蒙版能够避免颜色损失

    D．使用蒙版可以减小文件大小

（2）在 Photoshop 中下面对图层蒙版的描述正确的是（　　　）。

    A．图层蒙版相当于一个 8 位灰阶的 Alpha 通道

    B．在图层蒙版中，不同程度的灰色表示图像以不同程度的透明度进行显示

    C．按【Esc】键可以取消图层蒙版的显示

    D．在背景层中是不能建立图层蒙版的

（3）在设置层效果（图层样式）时（　　　）。

    A．光线照射的角度是固定的

    B．光线照射的角度可以任意设置

    C．光线照射的角度只能是 60°、120°、250° 或 300°

    D．光线照射的角度只能是 0°、90°、180° 或 270°

（4）下面对图层蒙板的显示、关闭和删除的描述哪些是正确的（　　　）。

    A．按【Shift】键的同时单击图层选项栏中的蒙版图标就可关闭蒙版，使之不在图像中显示

    B．当在图层调板的蒙版图标上出现一个黑色的×记号时，表示将图像蒙版暂关闭

    C．图层蒙版可以通过图层调板中的垃圾桶图标进行删除

    D．图层蒙版创建后就不能被删除

第 *5* 章

调整图像色调

 重点知识

1. 掌握调整图像色调的方法和技巧。
2. 掌握校正图像颜色的方法和技巧。
3. 掌握图像特殊颜色处理方法和技巧。

5.1　课堂实训 1　修正灰暗照片

 任务描述

　　清晰的照片记录真实的瞬间。无论是外出旅游、度假，还是亲朋好友相聚；无论是与父母的每次团聚，还是自己儿女的成长历程，都值得人们去保留，使其成为永久的记忆，然而人为的摄像水平、自然条件等因素有时局限了拍摄水平，使照片效果与实际有些差异。因此掌握修正灰暗照片成为本章的第 1 节必修课。

　　本节将如图 5-1 所示的图片，调制成如图 5-2 所示的最终效果。

图 5-1

图 5-2

效果分析

如图 5-1 所示的素材图，因阴天造成的拍摄效果偏灰，偏暗。因此要想还原成自然状态下的一个效果图，必须通过对整体的亮度/对比度调整，再调整图片中红、绿、蓝 3 色通道的曲线才能达到最终效果。

要想调出如图 5-2 所示的效果图，首先需要掌握 Photoshop CS3 中"亮度/对比度"、"曲线"和"色阶"等命令的应用方法和操作技巧。

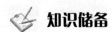 **知识储备**

1."亮度/对比度"命令

通过此命令可以实现对图像的亮度/对比度的调整。"亮度/对比度"对话框如图 5-3 所示。

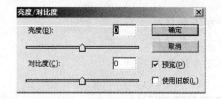

图 5-3

（1）提高亮度可以使整个图像或选区区域变亮，相反如果降低亮度值则会使整个图像或所选区域变暗。

（2）对比度是指图像中明暗的对比度，降低对比度使图像变得比较暗淡，提高对比度值可以使图像中的明暗对比度增强。

亮度和对比度可以通过调整滑块或者直接在数值框中输入相应的数值来完成。

小提示

如果习惯老版本的调整方式，可以勾选对话框右下角的"使用旧版本"通过对比新老版本的亮度和对比度的程度，可以发现新版本在调整亮度/对比度时，调整的强度稍轻些，老版本调整得更为强烈。

2."曲线"命令

"曲线"命令是用来调整图像的色调范围的，它可以对灰阶曲线中的任何一点进行调整。

（1）曲线有以下几大优点，这也是它让许多 Photoshop 高手青睐的理由。

◇ 调节全体或是单独通道的对比。

◇ 调节任意局部的亮度。

◇ 调节颜色。

（2）曲线命令功能。

如图 5-4 所示，对话框中的曲线是呈直线状态的。

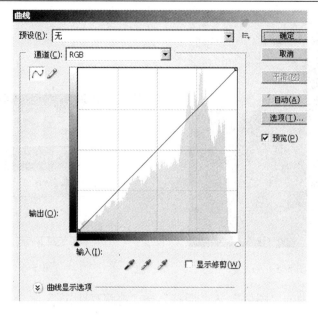

图 5-4

◇ 曲线可以反映图像调整前后的亮度值对比。水平灰度条代表了原图的色调，垂直的
灰度条代表了调整后的图像色调。在未做任何改变时，输入和输出的色调值是相等
的，因此曲线为 45°的直线，这就是呈直线状态的原因。

◇ 当对曲线上任一点做出改动时，也改变了图像上相对应的同等亮度像素。单击可以
确立一个调节点，这个点可被拖移到网格内的任意范围，向上还是向下决定了变亮
或是变暗。

◇ 曲线的另一个特点是可以添加多个调节点。在图像的任意地方添加调节点，单独调
节，这样就可以针对不同亮度色值区域调整。

小提示

用吸管工具设置范围，在很多情况下，会希望自己来指定图像中的最亮和最暗的部
分，在处理特殊效果图片时尤为突出，可以用对话框中的吸管工具来实现。选择左边的黑色
吸管，在图像窗口单击想要使它变成黑色的地方，白色也是同样操作。选择中间的灰色吸管
在图像窗口单击想要使它变成灰色的地方。

操作步骤

以上学习了 Photoshop CS3 中“亮度/对比度”、“曲线”，下面通过对如图 5-5 所示素材
的调整来对以上所学知识进行巩固练习。

（1）打开本章素材图片 1.jpg，如图 5-5 所示。

（2）在图层面板中，拖动背景层到新建图层按钮，复制出新的图层：背景副本。图
层面板结构如图 5-6 所示。

图 5-5

图 5-6

（3）执行菜单栏中的"图像"→"调整"→"亮度/对比度"命令，打开对话框。拖动亮度和对比度的滑块来设置相应的数值，设置如图 5-7 所示。

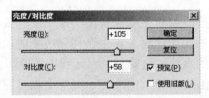

图 5-7

（4）执行菜单栏中的"图像"→"调整"→"曲线"命令，单击通道右侧的下拉菜单，选择通道：红，然后对曲线进行调整，设置如图 5-8 所示，效果如图 5-9 所示。

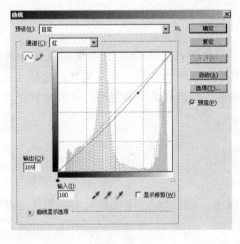

图 5-8

图 5-9

（5）同样的方法，单击右侧下拉菜单，选择通道：蓝，再次对曲线进行调整，设置如图 5-10 所示。

（6）最终效果如图 5-11 所示。

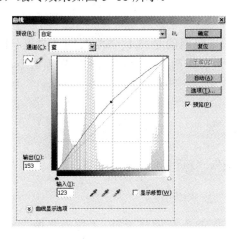

图 5-10

图 5-11

5.2　课堂实训 2　校正偏色

任务描述

为了给亲爱的宝贝留下每次珍贵的回忆，许多年轻的父母已经考虑到了用相机记录这一瞬间。而对于刚出生的宝宝们来说，闪光灯等客观因素无非会给孩子们带来一定的影响，所以在照相的过程中会关闭闪光灯，加上室内光线不是太强的原因，很多宝宝的照片偏色。要想调整到正常状态，只有进行校正，本节将对这类情况进行介绍。

从图片中很明显地发现图 5-12 比较暗，颜色偏红。因此利用 5.1 节所学的知识，首先对其进行亮度/对比度的调整，之后对照片中的颜色分别进行更加准确的设置，以达到如图 5-13 所示的效果。

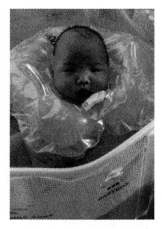

图 5-12

图 5-13

效果分析

在整个的调色过程中，提高亮度/对比度操作使用的是 5.1 节学习的"亮度/对比度"、"曲线"命令，而对颜色的修改，则必须用到"色彩平衡"、"色相/饱和度"等命令，并进行反复共同调配，才能达到如图 5-13 所示的效果。

 知识储备

下面来学习在 Photoshop CS3 中"色彩平衡"、"色相/饱和度"等知识。

1．色彩平衡

色彩平衡是一个功能较少，但操作直观方便的色彩调整工具。"色彩平衡"对话框如图 5-14 所示。

（1）色调平衡选项：将图像笼统地分为阴影、中间调和高光 3 个色调，依据阴影、中间调和高光不同的色偏，进行相应的色彩调整。

（2）保持明度：选项可保持图像中的色调平衡。通常，调整 RGB 色彩模式的图像时，为了保持图像的光度值，都要将此选项选中。

（3）色彩平衡：它是通过在这里的数值框输入数值或移动三角滑块来实现的。三角形滑块移向需要增加的颜色，或是拖离想要减少的颜色，就可以改变图像中的颜色组成（增加，滑向接近的颜色；减少，远离接近的颜色）。

（4）复位：按【Alt】键，原有的取消按钮将变为复位按钮，可以不关闭对话框将所有的设置恢复到初始状态。

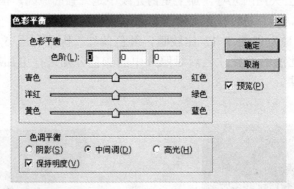

图 5-14

2．色相/饱和度

色相/饱和度命令可以调整图像中单个颜色成分的色相、饱和度和明度，是一个功能非常强大的图像颜色调整工具。它改变的不仅是色相和饱和度，还可以改变图像亮度。

接下来简单地介绍一下"色相/饱和度"对话框，如图 5-15 所示。

（1）对话框的底端显示有两个颜色条，它们代表颜色在色轮上的位置。上面的颜色条显示调整前的颜色，下面的颜色条显示调整后的颜色。

（2）确定好调整范围之后，就可以利三角形滑块调整对话框中的色相，饱和度和明度数值，这时图像中的色彩就随调整而变化。

（3）色相栏的数据范围在-180～180 之间。

（4）饱和度栏中的数值越大饱和度越高（反之饱和度越低）范围为-100～100。

（5）明度的数值范围在-100～100 之间。

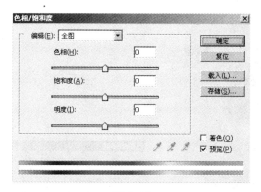

图 5-15

 小提示

对图片的色彩调整要保持一个原则：那就是不能失真，无论怎样去调整，都不能影响图片的质量。因此在调整时，应注意调整数值或范围不可过大，并且调图的技巧则需要通过长时间的反复练习、多总结才能提高，尽量不要照搬教程。

操作步骤

以上主要学习了色彩调整的知识，下面通过对素材图的调整，对前面所学知识进行进一步的巩固。

（1）在 Photoshop 中，执行菜单中的"文件"→"打开"命令，打开素材图 2.jpg，如图 5-16 所示。

（2）拖动背景层到新建图层按钮，复制出图层：背景副本，图层结构如图 5-17 所示。

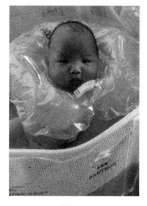

图 5-16

图 5-17

（3）利用 5.1 节所学的内容，首先对图片的亮度/对比度进行调整。参数设置及效果如图 5-18 所示。

（4）执行"图像"→"调整"→"色相饱和度"命令，先对整体的饱和度进行初步调整，设置参数如图 5-19 所示。

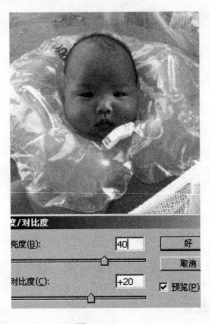

图 5-18

图 5-19

（5）再次执行"图像"→"调整"→"色相饱和度"命令，单击编辑右侧下拉菜单，选择为：红色，对红色进行单独的调整，参数设置如图 5-20 所示。

（6）执行菜单"图像"→"调整"→"色彩平衡"命令，在色调平衡中首先选择阴影进行设置，参数如图 5-21 所示。

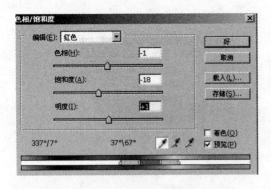

图 5-20

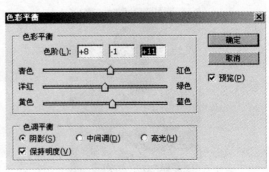

图 5-21

（7）其次在色调平衡中选择中间调进行调整，参数设置如图 5-22 所示。

（8）最后在色调平衡中选择高光进行调整，参数设置如图 5-23 所示。

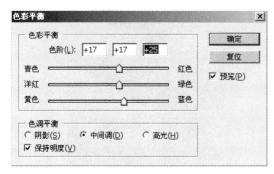

图 5-22

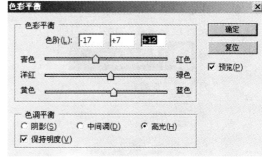

图 5-23

（9）单击"确定"按钮后，图片效果如图 5-24 所示。

（10）颜色总体调整完毕，但人物脸部颜色偏暗。因此接下来还需要执行"曲线"命令，使照片中人物的脸部亮度提高，参数设置如图 5-25 所示。

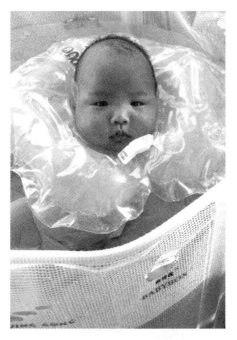

图 5-24

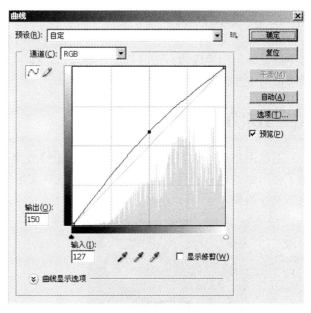

图 5-25

（11）复制图层：背景层副本，得到图层：背景副本 2，为背景副本 2 层添加图层蒙版。单击图层蒙版层，选用软画笔，颜色为黑色，涂抹脸部以外的地方。图层结构如图 5-26 所示。

（12）最终效果如图 5-27 所示。

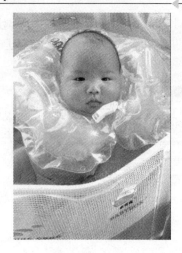

图 5-26   图 5-27

5.3　课堂实训 3　修正黄牙（色阶和可选颜色）

 任务描述

　　在 21 世纪的今天，追求健康时尚成为一部分人的目标，健康包括身体、精神和五官等，如牙齿的美白。而一些时尚的年轻人也开始拍起了写真，为了保留自己的那份美丽。写真中的牙齿美白也成为打造时尚的重要环节。接下来学习一种美白牙齿的方法，打造你成为最美丽的主角。

 效果分析

　　对比图 5-28（素材图）和图 5-29（最终效果图），发现要对素材图进行牙齿的美白，除了会用到"色彩平衡"、"色相饱和度"这些常见的颜色设置的命令外，还需要用"可选颜色"进行调整。

图 5-28   图 5-29

知识储备

下面来学习在 Photoshop CS3 中的"可选颜色"命令知识。

"可选颜色"命令是 Photoshop 中的一条关于色彩调整的命令，与其他的色彩命令相比较没有那么直观。

（1）可选颜色：打开"可选颜色"对话框，如图 5-30 所示。从对话框顶部的"颜色"菜单中选取要调整的颜色。这组颜色由加色原色和减色原色与白色、中性色和黑色组成。

（2）"方法"："相对"复选框为按照总量的百分比更改现有的青色、洋红、黄色或黑色的量。例如，如果从 50% 洋红的像素开始添加 10%，则 5% 将添加到洋红。结果为 55% 的洋红（50%×10% = 5%）（该选项不能调整纯反白光，因为它不包含颜色成分）。

"绝对"复选框为按绝对值调整颜色。例如，如果从 50%洋红的像素开始添加 10%，则洋红油墨的总量将设置为 60%。

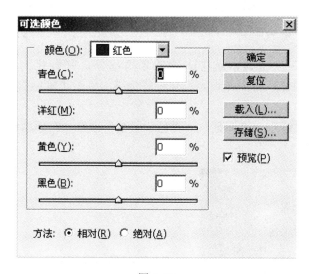

图 5-30

 小提示

可选颜色指令可以使图像色彩得到明显的区分或提升，但操作要适度。它属于懂摄影的专家级操作。需要强调的颜色，只要原始信息中存在，就可以在"可选颜色"指令中得到提升。

 操作步骤

以上主要讲解了"可选颜色"的知识，下面通过对素材图的调整进行加强练习。

（1）在 Photoshop 中执行菜单"文件"→"打开"命令打开素材图 3.jpg，如图 5-31 所示。

（2）拖动图层：背景到新建图层按钮上，从而复制出图层：背景副本，图层结构如图 5-32 所示。

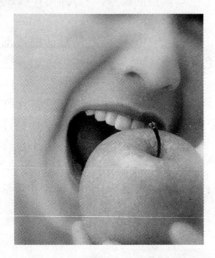

图 5-31   图 5-32

（3）激活"钢笔尖"工具，选中人物的牙齿部分，并转化为选区。执行菜单"选择"→"修改"→"羽化"命令，设定羽化半径为 3，单击"确定"按钮，效果如图 5-33 所示。

（4）执行菜单"图像"→"调整"→"色彩平衡"命令，对牙齿整体调整，参数设置如图 5-34 所示。

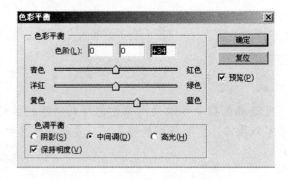

图 5-33   图 5-34

（5）执行菜单"图像"→"调整"→"可选颜色"命令，单击颜色右侧下拉菜单，选择颜色：黄色，对黄色进行单独的调整，参数设置如图 5-35 所示。

（6）保留上面的设置，选择颜色：白色，对白色进行设置，参数设置如图 5-36 所示。

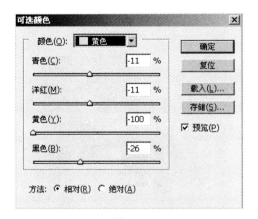

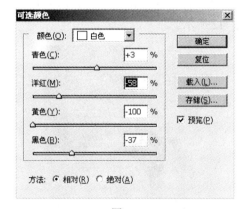

图 5-35　　　　　　　　　　　　　　　　　　图 5-36

（7）保留上面的设置，选择颜色：洋红，对洋红色进行设置，参数设置如图 5-37 所示。

（8）到此为止效果如图 5-38 所示。

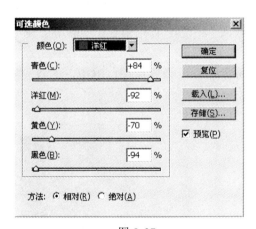

图 5-37　　　　　　　　　　　　　　　　　　图 5-38

（9）打开路径面板，激活按钮 "从选区生成路径"，使选区保存为工作路径，路径面板结构如图 5-39 所示。

（10）执行菜单"图像"→"调整"→"亮度/对比度"命令，设置参数如图 5-40 所示。

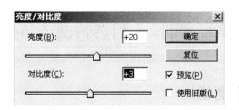

图 5-39　　　　　　　　　　　　　图 5-40

（11）到此为止效果如图 5-41 所示。

（12）重新选择路径面板，激活按钮：⊙"将路径作为选区载入"，载入选区，效果如图 5-42 所示。

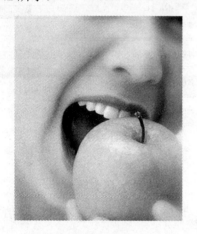

图 5-41

图 5-42

（13）执行菜单"选择"→"调整"→"修改"，设定羽化值：3，单击"确定"按钮。

（14）执行菜单"图像"→"调整"→"色阶"命令，设置通道：RGB，参数设置如图 5-43 所示。

（15）最终效果如图 5-44 所示。

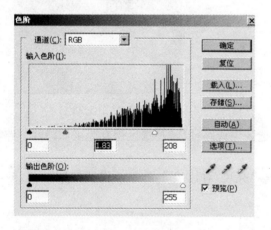

图 5-43

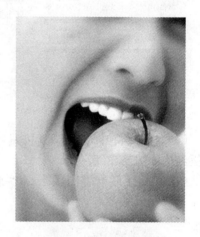

图 5-44

5.4　课堂实训 4　打造暗调泛黄效果

任务描述

浪漫是婚纱照永恒的色调。各种场景、颜色成为打造这一主题的重要元素，随着人们对时尚的理解不断升华,婚纱照的拍摄也逐渐由室内改为室外。然而室外的自然元素带给拍摄的影响各种各样,以下面图 5-45(素材图)为例,大家看到了图 5-45 和图 5-46 的颜色有了明显的差异,并且如果想打造暗调泛黄的效果,整体的颜色偏绿。因此接下来对图 5-45进行变为图 5-46 的调整。

图 5-45

图 5-46

效果分析

分析上面的两幅图,要想出现最终的效果图,除用到前面所有与颜色有关的命令外。也可以配上"照片滤镜"命令,会有意想不到的效果。

知识储备

下面来学习在 Photoshop CS3 中"照片滤镜"的知识。"照片滤镜"的对话框如图 5-47所示。

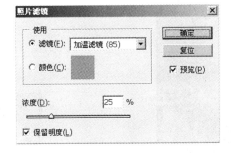

图 5-47

◇ 照片滤镜使用有两种方式:"滤镜"和"颜色",对于"颜色"选项,单击该色块,并使用 adobe 拾色器为自定颜色滤镜指定颜色。对于"滤镜"选项，可以从下拉菜单中选择预设滤镜。例如，加温滤镜（85 和 LBA）及冷却滤镜（80 和 LBB）用于调整图像中的白平衡的颜色转换滤镜，如果图像是使用色温较低的光（微黄色）拍摄的，则冷却滤镜（80）会使图像的颜色更蓝，以便补偿色温较低的环境光，相反，如果照片是用色温较高的光（微蓝色）拍摄的，则加温滤镜（85）会使图像的颜色更暖，以便补偿色温较高的环境光。

✧ 浓度：使用"浓度"滑块或者在"浓度"复选框中输入百分比，可以调节滤镜的强度。浓度越大，滤镜效果越明显。

✧ 保留明度：如果不希望通过添加颜色滤镜来使图像变暗，请选择"保留明度"复选框。

小提示

照片滤镜可以用来修正由于扫描、胶片冲洗、白平衡设置不正确造成的一些色彩偏差，用来还原照片的真实色彩，调节照片中轻微的色彩偏差，强调效果，突显主题，渲染气氛。

操作步骤

以上介绍了"照片滤镜"的知识，下面结合以前的知识对素材图进行调整。

（1）在 Photoshop 中执行菜单"文件"→"打开"命令，打开素材图 4.jpg，如图 5-48 所示。

（2）拖动图层：背景到新建图层按钮，从而复制出图层：背景副本。图层结构如图 5-49 所示。

（3）由于图片左右颜色偏差较大，所以要想使左右颜色相对均衡，必须首先对左侧的树叶颜色进行调整，因此，接下来，执行菜单"图像"→"调整"→"色彩平衡"命令，参数设置如图 5-50 所示，效果如图 5-51 所示。

图 5-48

图 5-49

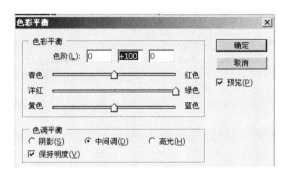

图 5-50

图 5-51

（4）为图层：背影副本添加蒙版。激活画笔工具，选择软边画笔，设置前景色为黑色，利用适当的透明度的画笔在蒙版图层上涂抹左边叶子以外的地方。图层结构如图 5-52 所示。

（5）此时，图片效果如图 5-53 所示。

图 5-52

图 5-53

（6）合并所有的图层为"图层：背景"，拖动"图层：背景"到新建图层按钮得到"图层：背景 副本"，图层结构如图 5-54 所示。

（7）执行菜单"图像"→"调整"→"照片滤镜"命令，选择滤镜：加温滤镜，浓度：90，参数设置如图 5-55 所示。

图 5-54　　　　　　　　　　　　　　　　　　图 5-55

（8）图片效果如图 5-56 所示。

（9）为图层：背影副本添加蒙版。激活画笔工具，选择软边画笔，设定前景色为黑色，利用适当的透明度的画笔在蒙版图层上涂抹人物以外的地方。图层结构如图 5-57 所示。

（10）最终效果如图 5-58 所示。

图 5-56　　　　　　　　　图 5-57　　　　　　　　图 5-58

5.5　课堂实训 5　通道混合器调色

任务描述

六月红杏已满林，初疑一颗价千金，又是大量新鲜水果上市的时候了。苦忍了一个冬天，那些对各类水果情有独钟的人们，又可以大快朵颐了。畅快享受之余，不妨了解一下水果照片调色的知识。看到如图 5-59 所示的素材图 5.jpg，口中无意有了一股青涩的感觉。相

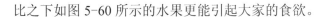

比之下如图 5-60 所示的水果更能引起大家的食欲。

图 5-59　　　　　　　　　　　　　　　　　图 5-60

 效果分析

对比图 5-59 与图 5-60，在整个的调图过程中，把青涩的红杏调成美味香甜的黄色无疑是这次调色的中心所在，其中会用到"色彩平衡"、"亮度/对比度"和"通道混合器"等命令。利用此实例在巩固以前的知识的同时来介绍通道混合器的使用方法。

 知识储备

下面介绍在 Photoshop CS3 中的"通道混合器"、"计算"和"应用图像"知识。

1．计算

"计算"命令用于混合两个来自一个或多个源图像的单个通道。可以将结果应用到新图像或新通道，或现用图像的选区。不能对复合通道应用"计算"命令。"计算"的对话框如图 5-61 所示。

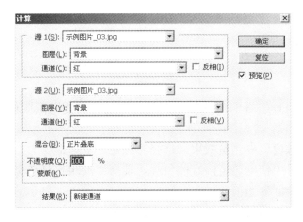

图 5-61

◇ 预览：要在图像窗口中预览效果，选择"预览"复选框。

◇ 源 1：选取第一个源图像、图层和通道。

◇ 图层：要使用源图像中所有的图层，选取"合并图层"选项。

◇ 反相：要在"计算"中使用通道内容的负片，请选择"反相"复选框。

◇ 通道：对于"通道"，如果要复制将图像转换为灰度的效果，请选取"灰色"选项。

◇ 源 2：选取第二个源图像、图层和通道，并指定选项。

◇ 混合：选取一种混合模式。

◇ 不透明度：输入不透明度值以指定效果的强度。

◇ 蒙版：如果要通过蒙版应用混合，选择"蒙版"复选框。选择包含蒙版的图像和图层。对于"通道"，可以选择任何颜色通道或 Alpha 通道以用做蒙版，也可使用基于现用选区或选中图层（透明区域）边界的蒙版。选择"反相"复选框反转通道的蒙版区域和未蒙版区域。

◇ 结果：指定是将混合结果放入新文档、还是现用图像的新通道或选区。

小提示

在"计算"命令中如果使用多个源图像，则这些图像的像素尺寸必须相同。

2. 应用图像

"应用图像"命令是将一个图像的图层和通道（源）与现用图像（目标）的图层和通道混合。"应用图像"对话框如图 5-62 所示。

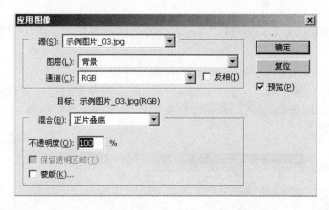

图 5-62

◇ 源：选取要与目标组合的源图像、图层和通道。要使用源图像中的所有图层，选择"合并图层"选项。

◇ 预览：要在图像窗口中预览效果，选择"预览"复选框。

◇ 反相：要在计算中使用通道内容的负片，选择"反相"复选框。

◇ 混合：选取一个混合选项。

◇ 不透明度：输入不透明度值以指定效果的强度。

◇ 保留透明区域：将结果应用到结果图层的不透明区域。

◇ 蒙版：如果要通过蒙版应用混合，选择"蒙版"复选框。选择包含蒙版的图像和图层。对于"通道"，可以选择任何颜色通道或 Alpha 通道以用做蒙版。也可使用基于现用选区或选中图层（透明区域）边界的蒙版。选择"反相"复选框反转通道的蒙版区域和未蒙版区域。

 小提示

在"应用图像"命令中如果两个图像的颜色模式不同（例如，一个图像是 RGB 颜色模式，而另一个图像是 CMYK 颜色模式），则可以对目标图层的复合通道应用单一通道（但不是源图像的复合通道）。

3.通道混合器

通道混合器可以创建高品质的灰度图像、棕褐色调图像或其他色调图像，也可以对图像进行创造性的颜色调整。要创建高品质的灰度图像，在"通道混合器"对话框中（见图 5-63）选择每种颜色通道的百分比。要将彩色图像转换为灰度图像并为图像添加色调，使用"黑白"命令。

◇ 可以在"通道混合器"对话框的"预设"菜单中使用通道混合器预设。使用默认的通道混合器预设可创建、存储和载入自定预设。

◇ "通道混合器"对话框选项使用图像中现有（源）颜色通道的混合来修改目标（输出）颜色通道。颜色通道是代表图像（RGB 或 CMYK）中颜色分量的色调值的灰度图像。在使用"通道混合器"命令时，将通过源通道向目标通道加减灰度数据。向特定颜色成分中增加或减去颜色的方法不同于使用"可选颜色"命令时的情况。

操作步骤

下面通过对素材图（见图 5-64）的调整来加强对上面知识的学习。

（1）在 Photoshop 中执行菜单"文件"→"打开"命令打开素材图 5.jpg，如图 5-64 所示。

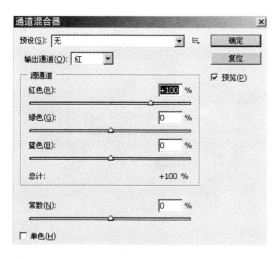

图 5-63　　　　　　　　　　　　　　　　　　图 5-64

（2）执行菜单"图像"→"调整"→"亮度/对比度"命令，设置图像的亮度和对比度的值，参数设置如图 5-65 所示。

（3）拖动图层：背景到新建图层按钮上，得到新图层：背景副本，图层结构如图 5-66 所示。

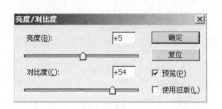

图 5-65   图 5-66

（4）执行菜单"图像"→"调整"→"通道混合器"命令，参数设置如图 5-67 所示，效果如图 5-68 所示。

图 5-67   图 5-68

（5）执行菜单"图像"→"调整"→"色彩平衡"命令，参数设置如图 5-69 和图 5-70 所示。

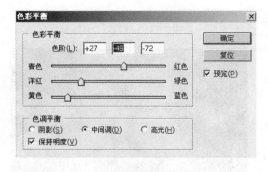

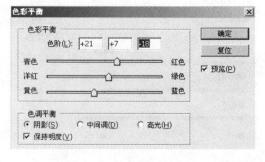

图 5-69   图 5-70

（6）图片效果如图 5-71 所示。

（7）激活图层面板中的，为图层背景添加蒙版，单击蒙版，激活画笔工具，选择一个软边画笔，设置前景色为黑色，用适当的不透明度涂抹原图中发黄的杏和篮子。图片的最终效果如图 5-72 所示。

图 5-71　　　　　　　　　　　　　　　　　　图 5-72

5.6　课堂实训 6　人物照片综合美化

 任务描述

为了满足婚纱照的多姿多态，婚纱影楼里必不可少的一项工作就是更换背景，漂亮的背景会给婚纱照带来一种独特的魅力，不同的背景配合巧妙的设计会产生不同的艺术感。

 效果分析

分析图 5-73～图 5-76 会发现，在这个实例中将会用到抠图、调色等知识。在调色的过程中注意到，制作后的图像颜色偏青，并且增加了许多点缀的小亮点来衬托婚纱的浪漫。

图 5-73　　　　　　　　　　　　　　　　　　图 5-74

图 5-75　　　　　　　　　　　　　　　　　图 5-76

 知识储备

此实例是通过第 2 章中的抠图配合本章的调色知识共同来完成的。

 操作步骤

（1）执行菜单"文件"→"打开"命令打开素材图 6.jpg，如图 5-77 所示。

（2）执行菜单"图像"→"调整"→"曲线"命令，参数设置如图 5-78 所示。

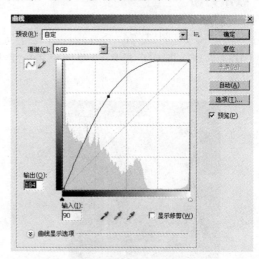

图 5-77　　　　　　　　　　　　　　　　　图 7-78

（3）图像效果如图 5-79 所示。

（4）执行菜单"文件"→"打开"命令打开人物素材图 7.jpg，用前面学过的选择方法，激活钢笔尖工具将图片中的人物选中，如图 5-80 所示。

图 5-79

图 5-80

（5）执行菜单"选择"→"修改"→"羽化"命令，设置羽化的值为 0.5，效果如图 5-81 所示。

（6）激活移动工具，拖动人物选区到背景中，缩放大小到合适为止，回车确认。效果如图 5-82 所示。

图 5-81

图 5-82

（7）为了使人物和背景统一色调，现在对图层：人物层进行调色处理，执行菜单"图像"→"调整"→"色彩平衡"命令，参数设置如图 5-83 所示。

（8）用同样的方法对图层：背影进行调整，参数设置如图 5-84 所示。

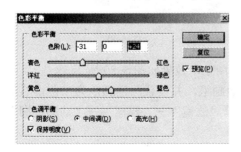

图 5-83

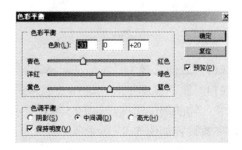

图 5-84

（9）图片效果如图 5-85 所示。

（10）在图层面板上，激活新建图层按钮，新建一图层，默认名：图层 3，放于图层：背景之上，图层：人物层之下，并设置前景色为#74c9dd，背景色为黑色，执行菜单"滤镜"→"渲染"→"云彩"命令，并将图层 3 模式改为：滤色。图层结构如图 5-86 所示。

图 5-85

图 5-86

（11）图像效果如图 5-87 所示。

（12）执行菜单"文件"→"打开"命令打开星球素材图 8.jpg，利用"选择工具"选择星球，执行菜单"选择"→"修改"→"羽化"命令，效果如图 5-88 所示。

图 5-87

图 5-88

（13）激活选择工具，拖动星球选区内容到背景图上，效果如图 5-89 所示。

（14）激活画笔工具，选择一个 45 像素的软边画笔，并设置画笔颜色为白色，然后在星球和人物的周围涂抹，如图 5-90 所示，执行菜单"滤镜"→"模糊"→"动感模糊"命令，参数设置如图 5-91 所示。

（15）图像效果如图 5-92 所示。

图 5-89

图 5-90

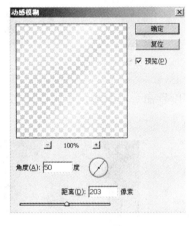

图 5-91

图 5-92

（16）激活画笔工具，选择画笔类型，调整画笔半径为 300，设置前景色为白色，单击新建图层按钮，在得到的新图层上用画笔进行大面积单击，得到许多白色的圆点。接着给新建图层设置图层样式：外发光。参数设置如图 5-93 所示，效果如图 5-94 所示。

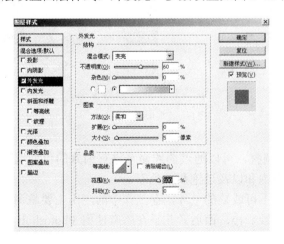

图 5-93

图 5-94

109

（17）合并所有图层，执行菜单"图像"→"调整"→"亮度/对比度"，参数设置如图 5-95 所示。

（18）图像效果如图 5-96 所示。

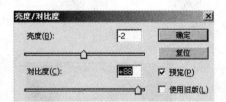

图 5-95   图 5-96

（19）执行菜单"图像"→"调整"→"色相/饱和度"命令，参数设置如图 5-97 所示。

（20）最终效果如图 5-98 所示。

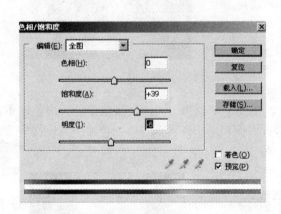

图 5-97   图 5-98

总结与回顾

在 Phototshop 中要进行精细的色彩调整，可以通过曲线命令进行细致的色彩调整，而调整色彩平衡主要是调整图像的偏色、不饱和以及过饱和的色彩。

图像色彩的调整是 Photoshop 技能中不可或缺的一环，在工作中的应用主要是调整偏色和调出特殊色，前者主要应用的场合是婚纱影楼，而后者几乎在所有使用 Photoshop 的场合都会接触到。

5.7　课后实训 1

把如图 5-99 所示的素材图 9.jpg 调整为如图 5-100 所示的效果图。

图 5-99　　　　　　　　　　　　　　　　　　图 5-100

操作提示

首先对素材图执行"可选颜色"命令，调色至微青的效果，其次执行命令"色彩平衡"使整体的颜色偏青，最后给图像添加蒙版，使用黑色的软边画笔在蒙版层涂抹人物以外部分，使人物的颜色恢复到正常状态。

5.8　课后实训 2

把如图 5-101 所示的素材图 10.jpg 调整为如图 5-102 所示的效果图。

图 5-101　　　　　　　　　　　　　　　　　　图 5-102

操作提示

此实训练习首先是利用钢笔尖工具选中牙齿，其次对其执行"色彩平衡"命令，最后执行菜单"可选颜色"进行细致的反复调整。

5.9　课后实训3

把如图 5-103 所示的素材图 11.jpg 调整为如图 5-104 所示的效果图。

图 5-103

图 5-104

操作提示

此实训练习执行菜单"可选颜色"命令，给红色增加绿色，使素材图中枯黄部分的植物穿上绿色的外衣，其次执行菜单"色彩平衡"、"色相/饱和度"等命令调整个图像的绿色，最后利用蒙版配合软边的黑色画笔涂抹出人物的本来颜色。为了增加图像的梦幻感觉，还可以利用画笔进行最后的点缀。

5.10　课后实训 4

把如图 5-105 和图 5-106 所示的素材图 12.jpg 和 13.jpg 合成如图 5-107 所示的效果图。

图 5-105

图 5-106

图 5-107

操作提示

首先利用选择工具对图 5-106 中的宝宝进行选择，然后将其拖动到图 5-105 中，为了让两张图片能更好地融合在一起，可以使用"模糊工具"模糊人物的边缘。其次对人物图层进行调色，用到的命令是"色彩平衡"、"色相/饱和度"等，目的是使宝宝帽子的颜色接近于背景的中国红，最后发现无论怎么调整都显得宝宝的嘴部颜色较淡，因此可以利用选择工具选择宝宝的嘴唇进行单独的调色。

课后习题

1. 填空题

（1）在命令"亮度/对比度"设置对话框中，对比度的最小值为（　　　）。

（2）命令"通道混合器"设置对话框中有（　　　）种预设的混合通道。

（3）命令"可选颜色"设置对话框中，参数：方法包括（　　　）和（　　　）。

2. 选择题

（1）下面选项中对色阶描述正确的是（　　　）。

    A. 色阶对话框中的输入色阶用于显示当前的数值

    B. 色阶对话框中的输出色阶用于显示将要输出的数值

    C. 调整 Gamma 值可改变图像暗调的亮度值

    D. 色阶对话框中共有 5 个三角形的滑钮

（2）下面哪个色彩调整命令可提供最精确的调整（　　　）。

    A. 色阶　　　　　　B. 亮度/对比度　　　　　　C. 曲线　　　　　　D. 色彩平衡

（3）下列哪个命令用来调整色偏（　　　）。

    A. 色调均化　　　　B. 阈值　　　　　　　　　C. 色彩平衡　　　　D. 亮度/对比度

（4）下面的描述哪些是正确的（　　　）。

    A. 色相、饱和度和亮度是颜色的 3 种属性

    B. 色相/饱和度命令具有基准色方式、色标方式和着色方式 3 种不同的工作方式

    C. "替换颜色"命令实际上相当于使用"颜色范围"与"色相/饱和度"命令来改变图像中局部的颜色变化

    D. 色相的取值范围为 0～180

3. 简答题

根据自己理解，简单描述菜单"图像"→"调整"下的色彩平衡亮度/对比度、可选颜色等命令与调整图层中的色彩平衡亮度/对比度、可选颜色等命令在使用上有什么区别。

第 **6** 章

精细选区的建立

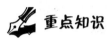

重点知识

1. 了解通道的相关知识。
2. 掌握新建与操作通道的方法。
3. 了解路径的意义。
4. 掌握创建、编辑路径的方法。

6.1 课堂实训 1 制作丰富多彩的背景

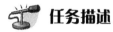

任务描述

近年来，随着经济的高速发展和人们生活水平的提高，婚庆礼品越来越受到年轻人的推崇，其中婚庆贺卡就是不可缺少的一项，结婚的确是人生中一件浪漫而幸福的事，所以如今的婚庆贺卡更崇尚品位与时尚，更希望彰显个性和魅力。

本节将设计一个婚庆的贺卡，如图 6-1 所示。大红色的底色，配以黄色的心形图案、祝福语及卡通素材，无不体现婚礼的喜庆与吉祥。

图 6-1

效果分析

该婚庆贺卡的设置不算复杂，首先填充红色制作背景，其次使用路径绘制心形图案制作背景底纹，最后调入素材图，并输入文字，完成贺卡的设计。在具体的制作过程中，背景底纹的制作比较复杂，在绘制好心形图案后，要多次复制，再进行排列，还要进行不透明度的调节；贺卡翻页效果还要用到图层样式的知识。

要想设计出该贺卡效果，首先需要掌握 Photoshop CS3 中路径的创建、调整、描绘等应用方法和操作技巧。

 知识储备

如果要选取的图像形状不规则，颜色差异大，使用规则选框工具、魔棒工具和套索工具都不能完成所希望的选区，则可以使用路径工具来描出路径，再转换成选区。

1. 关于路径

路径是由锚点组成的。锚点是定义路径中每条线段开始和结束的点，可以通过它们来固定路径。锚点分为直线点和曲线点，路径分为开放路径和封闭路径，如图 6-2 所示。

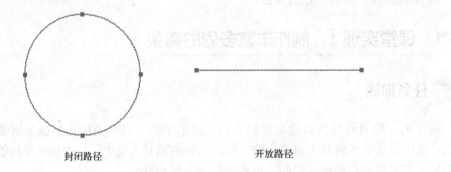

封闭路径 　　　　　　　　　　　开放路径

图 6-2

2. 使用"钢笔工具"绘制路径

工具箱中的钢笔工具包括"钢笔工具"、"自由钢笔工具"、"添加锚点工具"、"删除锚点工具"和"转换点工具"，如图 6-3 所示。

选择"钢笔工具"，在其选项栏（见图 6-4）中单击 图标，表示用钢笔工具绘制路径而不是创建图形或形状图层。

图 6-3 　　　　　　　　　　　　　　　　图 6-4

1）绘制直线

将"钢笔工具"放在要绘制直线的开始点上，单击确定第 1 个锚点，移动"钢笔工具"到另外的位置，再次单击，两个锚点之间就会以直线相连。

按【Shift】键可生成水平直线、垂直直线和 45°倍数的直线。

结束一条开放路径，可按【Ctrl】键并单击路径以外任意地方，要封闭一条路径，可将"钢笔工具"放在第 1 个锚点上单击即可。

2）绘制曲线

（1）将"钢笔工具"放在绘制曲线的起始点，按住鼠标进行拖拉，可生成一个曲线点。

（2）将"钢笔工具"移动到另外的位置，按住鼠标，并且沿相反的方向拖动鼠标，得到一段弧线如图 6-5 所示。

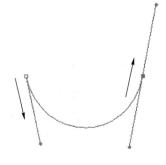

图 6-5

（3）继续第（2）步操作得到如图 6-6 所示的波浪线，若要改变一个方向线的方向，将鼠标放在要移动的方向线的方向点上，在按【Alt】键的同时，按住鼠标向相反方向拖拉如图 6-7 所示。

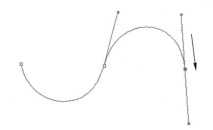

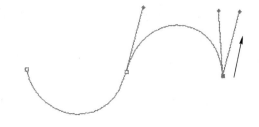

图 6-6 图 6-7

（4）沿相反的方向拖动鼠标可以创建一条"S"形曲线，如图 6-8 所示。

3）添加、删除和转换点工具

可以在任何路径上添加或删除锚点。首先用"选择工具"选择路径，当"钢笔工具"移动到路径片段上时，"钢笔工具"就变为"添加锚点工具"，单击就可增加一个锚点；当"钢笔工具"移动到一个锚点上时，"钢笔工具"就变为"删除锚点工具"，单击就可删除一个锚点。

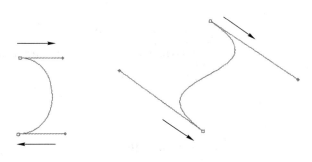

图 6-8

选择"转换点工具"，将它放到曲线点上，单击就可将曲线点转换为直线点；反之亦然。

小提示

除了使用"钢笔工具"绘制路径外，用户还可以使用"随意钢笔工具"绘制路径，该工具操作比较简单，按住鼠标左键拖曳，系统会自动增加锚点，并形成路径。

3. 调整路径

大多数情况下绘制的路径经过调整后，才能满足绘图的需要。路径是由锚点组成的，而锚点包括直线点和曲线点，如果路径锚点为直线点，则绘制直线；如果路径锚点为曲线点，则绘制曲线。由此可见，调整路径的形态，其实是在直线点与曲线点之间进行转换的。

当路径锚点为曲线点时，使用"工具箱"中的"转换锚点工具"，在曲线锚点中单击，锚点会自动变为直线点，同时曲线会变成直线，如图6-9所示。

绘制的曲线路径　　　　单击该锚点　　　　曲线变成直线

图 6-9

小提示

默认系统下，"转换锚点工具"处于隐藏状态，选择"工具箱"中的"钢笔工具"，按【Alt】键，可转换为"转换锚点工具"。

相反，当路径的锚点为直线点时，使用"转换锚点工具"，在直线锚点中按住鼠标左键拖曳，使用拖出的路径调节杆调整直线为曲线，如图6-10所示。

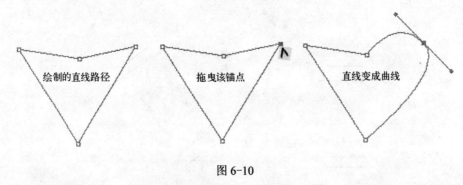

绘制的直线路径　　　　拖曳该锚点　　　　直线变成曲线

图 6-10

对于曲线路径来说，包括平滑角曲线和转角曲线。当锚点为直线属性时，使用"转换锚点工具"在锚点上拖曳，会在锚点两端拖出调节杆，此时锚点两端的调节杆都受"转换锚点工具"控制，拖曳以调整路径为曲线路径，该曲线路径为平滑角曲线，平滑角曲线是通过被称为平滑点的锚点来连接的。当曲线路径为平滑角曲线时，使用"转换锚点工具"在锚点一端的调节杆上拖曳，只能控制锚点一端的调节杆，而另一端调节杆不受影响，此时会将曲线调整为转角曲线，如图 6-11 所示。

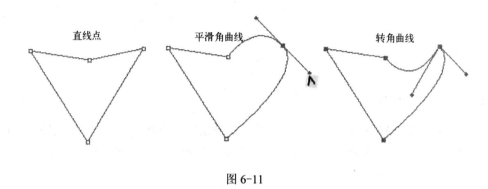

图 6-11

调整路径锚点的主要操作包括：调整锚点位置、增加、删除锚点。下面学习通过调整锚点改变路径形态的方法。

1）移动锚点位置

在如图 6-12 所示路径中，选择"直接选择工具"，在路径锚点上单击，将锚点选择，被选择的锚点成实心的小方块。按住鼠标将锚点移动到其他位置，此时路径形态发生了变化，如图 6-13 所示。

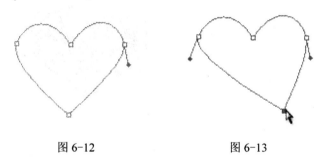

图 6-12   图 6-13

🎓 **小提示**

系统默认下 "直接选择工具"处于隐藏状态，按"工具箱"中的"路径选择工具"不松手，在弹出的隐藏工具条中即可显示"直接选择工具"，使用"直接选择工具"在锚点上单击可选取一个锚点，按住鼠标左键拖曳可框选多个锚点，使用"路径选择工具"可选取路径中所有锚点。

2）添加/删除锚点

选择"钢笔工具"，在其"选项"栏中勾选"自动添加/删除"选项，将光标移动到路径上，工具按钮下方出现"+"号，此时在路径上单击，可添加一个锚点，将光标移动到锚点上，工具按钮下方出现"-"号，此时在锚点上单击，可删除锚点，如图 6-14 所示。

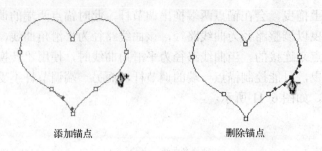

添加锚点　　　　　　　　　　　删除锚点

图 6-14

4. 路径调板的使用

路径调板如图 6-15 所示从左到右分别是：用前景色填充路径、用画笔描边路径、将路径作为选区载入（组合键【Ctrl+Enter】）、从选区生成工作路径、创建新路径、删除当前路径。

图 6-15

1）从前景色填充路径

如图 6-16 所示路径，设置前景色为红色，执行菜单栏中的"窗口"→"路径"命令打开"路径"面板，单击下方的"用前景色填充路径"按钮，使用前景色快速填充路径，如图 6-16 所示。

绘制的路径　　　　　　　　　　用前景色填充

图 6-16

单击"路径"面板右上方的 ▤ 按钮，在打开的面板菜单中选择"填充路径"命令，打开"填充路径"对话框，如图 6-17 所示。

◇ "使用"：选择填充内容，有"前景色"、"背景色"、"颜色"、"图案"、"历史记录"、"黑色"、"50%灰色"和"白色"。当选择"图案"时，单击"自定图案"按钮，可以选择一种图案填充路径。

◇ "模式"：设置填充的混合模式。

◇ "不透明度"：设置填充的不透明度。

◇ "羽化半径"：设置合适参数，可以使路径的填充效果具有类似于选择区的羽化效果。

在"使用"选项中选择"图案"，单击"自定图案"按钮，在打开的图案中选择一种图案，如图 6-18 所示。

图 6-17

图 6-18

在"羽化半径"选项设置参数为 10 像素，其他设置默认，单击"确定"按钮确认，对路径进行填充，结果如图 6-19 所示。

2）用画笔描边路径

设置前景色为红色（R：255、G：0、B：0），选择"画笔工具"，单击"选项"栏右侧的"切换画笔调板"按钮打开"画笔"对话框，选择一个画笔，并设置各参数如图 6-20 所示。

图 6-19

单击"路径"面板下方的"用画笔描边路径"按钮，快速描绘路径，结果如图 6-21 所示。

图 6-20

图 6-21

如果在"画笔"面板中对画笔的"间距"进行设置，还可以描绘出特殊的路径效果，如图 6-22 所示。

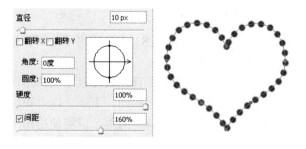

图 6-22

3）路径与选择区域之间的转换

如图 6-23 所示路径，打开"路径"面板，单击"路径"面板下方的"将路径作为选区载入"按钮，将路径转换为选择区，如图 6-23 所示。

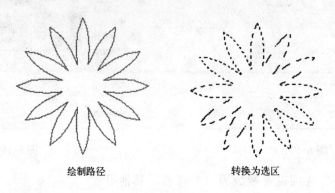

绘制路径　　　　　　　　　　　　　转换为选区

图 6-23

 小提示

按【Ctrl+Enter】组合键可将路径转化为选区。

路径既然可以转换为选择区，那么选择区也可以转换为路径，如图 6-24 所示选区，打开"路径"面板，单击"路径"面板下方的"从选区生成工作路径"按钮，即可将选区转换为工作路径，如图 6-24 所示。

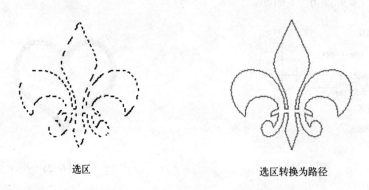

选区　　　　　　　　　　　　　选区转换为路径

图 6-24

5. 使用图形工具绘制路径和矢量图形

图 6-25

在 Photoshop CS3 中，提供了绘制矢量图形的图形工具组，如图 6-25 所示。

使用这些图形工具，既可以绘制图形，也可以绘制路径，其属性与"钢笔工具"相同。下面，以"矩形工具"、"圆角矩形工具"和"多边形工具"为例，讲解使用图形工具绘制矢量图和路径的方法。

1）矩形工具

（1）激活"矩形工具"，其"选项"栏如图 6-26 所示。

图 6-26

（2）单击"选项"栏中的 按钮，设置矩形的形状，如图 6-27 所示。

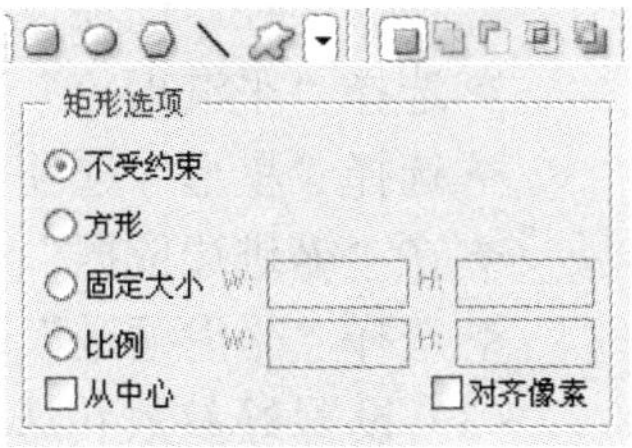

◇ "不受约束"：勾选该选项，可以绘制任意大小的矩形路径或矢量图形。

◇ "方形"：勾选该选项，可以绘制正方形的路径或矢量图形。

图 6-27

◇ "固定大小"：勾选该选项，在"W"和"H"数值框中设置固定的宽和高，绘制固定尺寸的矩形路径或矢量图形。

◇ "比例"：勾选该选项，在"W"和"H"数值框中设置宽和高的比例，绘制等比例尺寸的矩形路径或矢量图形。

◇ "从中心"：勾选该选项，鼠标落点是图形的中心点。

（3）设置好参数和选项后，按住鼠标在图像中拖曳，绘制具有样式效果的形状图形、路径或填充像素图形，如图 6-28 所示。

图 6-28

2）圆角矩形工具

"圆角矩形工具"可以绘制具有圆角的矩形图形或路径。

（1）激活"圆角矩形工具"，其"选项"栏如图 6-29 所示。

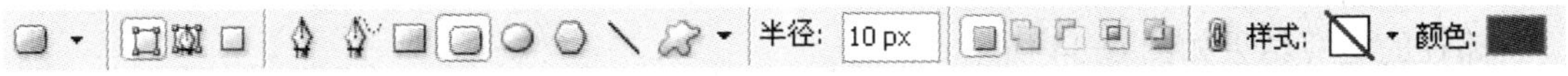

图 6-29

（2）在"半径"数值框中输入圆角半径，设置其他参数和选项，绘制圆角矩形图形或路径，结果如图 6-30 所示。

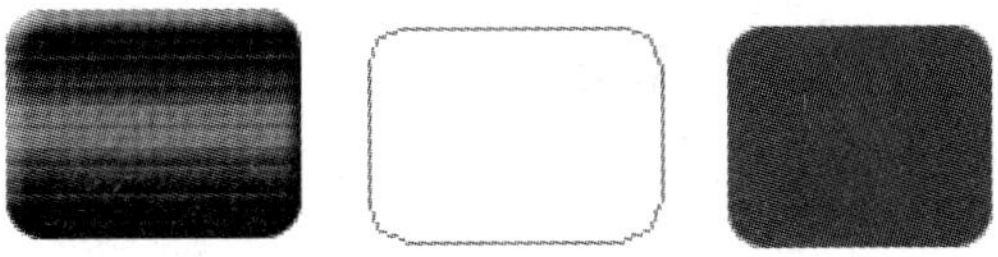

图 6-30

3）多边形工具

"多边形工具"可以绘制多边形图形或路径。

（1）激活"多边形工具"，其"选项"栏如图 6-31 所示。

图 6-31

（2）单击 按钮，设置多边形的形状，如图 6-32 所示。

◇ 在"半径"选项设置角半径。

◇ 选择"平滑拐角"选项，可以绘制平滑拐角的多边形图形或路径。

◇ 选择"星形"选项，可以绘制星形图形或路径。

◇ 在"缩进边依据"选项，设置边的缩进百分比。

◇ 选择"平滑缩进"选项，缩进边平滑。

（3）设置好参数和选项，按住鼠标在图像中绘制多边形图形和路径，结果如图 6-33 所示。

图 6-32

图 6-33

6. 路径的运算

通过对路径运算，可以得到更加复杂的路径，在运算路径时，至少需要两个相交路径。下面通过一个简单的操作，学习运算路径的方法。

（1）在图像中绘制两个相交的路径，并使用"路径选择工具"将路径全部选择。

（2）单击其"选项"栏中的 按钮，单击"组合"按钮，进行路径的加运算操作。

（3）单击其"选项"栏中的 按钮，单击"组合"按钮，进行路径的减运算操作。

（4）单击其"选项"栏中的 按钮，单击"组合"按钮，进行路径的交运算操作。

（5）单击其"选项"栏中的 按钮，单击"组合"按钮，进行路径的并集运算操作。

路径的运算结果如图 6-34 所示。

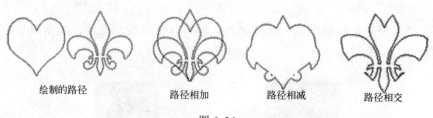

| 绘制的路径 | 路径相加 | 路径相减 | 路径相交 |

图 6-34

 操作步骤

以上学习了 Photoshop CS3 中路径的相关知识，下面通过制作"贺卡"的实例，对以上所学知识进行巩固练习。

1. 制作贺卡背景图像

（1）执行菜单栏中的"文件"→"新建"命令，新建名为"贺卡"、"宽度"为 800 像素、"高度"为 600 像素、"分辨率"为 72 像素的 RGB 模式的文件。

（2）新建图层 1，设置前景色为"R：208、G：16、B:38"，按组合键【Alt+Del】填充前景色。

（3）激活"钢笔工具"，单击其"选项"栏中的"路径"按钮，在图像中绘制路径，激活"转换点工具"，对绘制的路径进行调整，结果如图 6-35 所示，将所绘制的路径存储为路径 1。

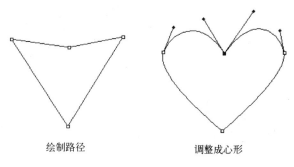

绘制路径　　　　　　　　　　调整成心形

图 6-35

👨‍🎓 **小提示**

绘制的路径如果不保存，则绘制其他路径时该路径丢失，如果以后要继续使用该路径，则可以将其保存。保存路径的操作比较简单，单击"路径"面板右上角的 按钮，在打开的面板菜单中执行"存储路径"命令，在打开的"存储路径"对话框中将其命名为"路径 1"，单击"确定"按钮即可。

（4）激活"路径选择工具"，在按【Alt】键的同时，单击选择路径，并将其拖曳复制出另一个心形路径，按组合键【Ctrl+T】，改变心形大小，如此重复多次，任意排列，得到如图 6-36 所示效果。

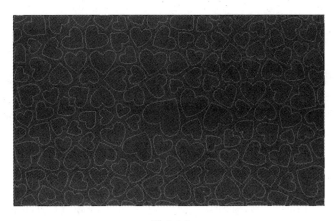

图 6-36

（5）按组合键【Ctrl+Enter】，将路径转化为选区，如图 6-37 所示，新建图层 2，将前景色设置为白色，按组合键【Alt+Del】，填充前景色，按组合键【Ctrl+D】取消选区，在图层面板中，将图层 2 的不透明度改为 10%，如图 6-38 所示，最终得到如图 6-39 所示效果。

图 6-37

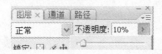

图 6-38

图 6-39

2. 制作贺卡翻页效果

（1）制作如图 6-40 所示路径，保存为路径 2，按组合键【Ctrl+Enter】，将路径转换为选区，如图 6-41 所示。

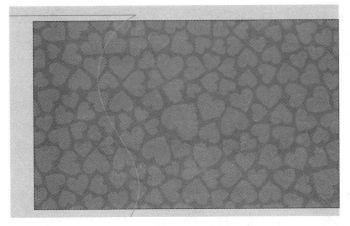

图 6-40

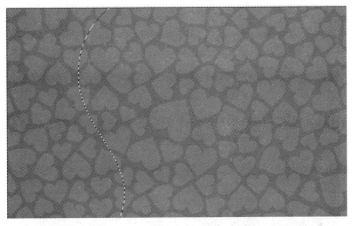

图 6-41

（2）新建图层 3，设置前景色为 R：208、G：16、B:38，按组合键【Alt+Del】，得到如图 6-42 所示效果，双击图层 3，弹出"图层样式"对话框，设置如图 6-43 所示，得到如图 6-44 所示的效果。

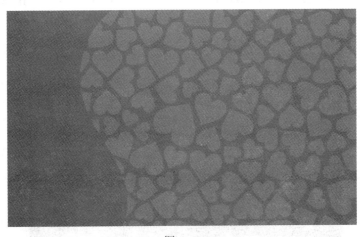

图 6-42

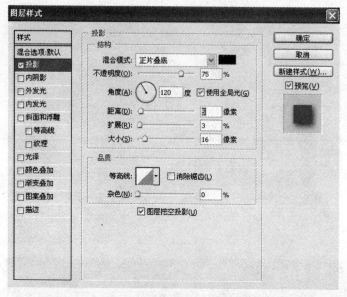

图 6-43

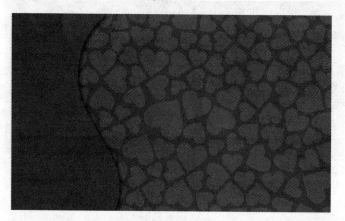

图 6-44

（3）在按【Ctrl】键的同时，单击图层 3，得到图层 3 选区，单击选择图层 2，按组合键【Ctrl+J】，得到图层 4，用鼠标拖动图层 4 到图层 3 上面，得到如图 6-45 所示效果。

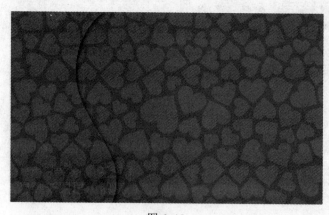

图 6-45

3. 制作心形图形

（1）选择路径调板，单击路径 1（最初所画心形路径），激活"路径选择工具"，在按【Alt】键的同时，单击选择路径，并将其向右拖曳复制出另一个心形路径，继续使用 "路径选择工具"框选出两个心形路径，单击其"选项"栏上的"组合"按钮，对两个路径进行组合，得到如图 6-46 所示效果。

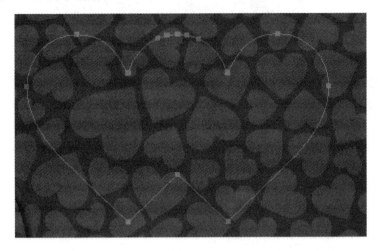

图 6-46

（2）将该组合后的路径保存为路径 2，按组合键【Ctrl+T】，在按【Shift】键的同时，用鼠标拖曳心形路径，改变其大小，并且进行旋转，将其放在如图 6-47 所示位置。

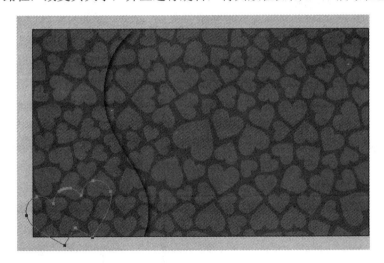

图 6-47

（3）设置前景色为白色，激活"画笔工具"，设置画笔"大小"为 10，其他设置默认。

（4）新建图层 5，单击"路径"面板下方的"用画笔描边路径"按钮，快速描绘路径，得到如图 6-48 所示效果。

图 6-48

（5）双击图层 5，弹出"图层样式"对话框，设置如图 6-49 和图 6-50 所示，最终得到如图 6-51 所示效果。

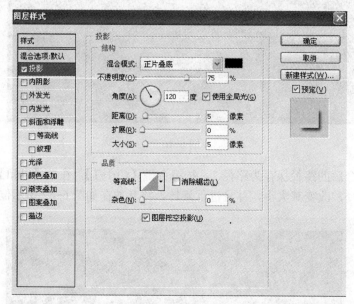

图 6-49

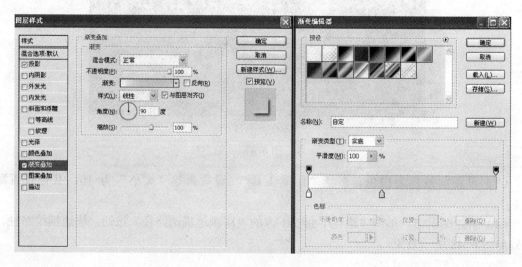

图 6-50

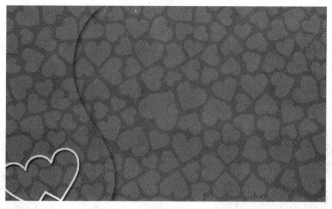

图 6-51

（6）在工具箱中选择文字工具，输入文字 LOVE，得到 LOVE 文字图层，双击文字图层，弹出"图层样式"对话框，设置如图 6-52 所示，最终效果如图 6-53 所示。

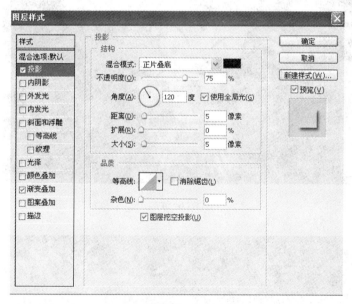

图 6-52

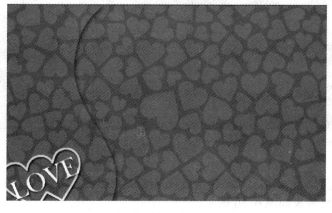

图 6-53

131

4. 完善贺卡

（1）打开本章素材图 1.jpg，使用魔棒工具单击其背景，按组合键【Ctrl+Shift+I】，进行反选，按组合键【Ctrl+Alt+D】，羽化 2 像素，得到如图 6-54 所示选区，使用移动工具将其拖动到贺卡文件，得到图层 6，按组合键【Ctrl+T】，在按【Shift】键的同时，拖曳图片，改变到合适大小，并放置在合适位置，如图 6-55 所示。

图 6-54

图 6-55

（2）在工具箱中选择文字工具，使用直排文字工具，输入文字"吉祥如意"，得到吉祥如意文字图层，最终效果如图 6-56 所示。

（3）执行菜单栏中的"文件"→"保存"命令，将该文件另存为"贺卡.psd"文件。

图 6-56

6.2　课堂实训 2　精细抠出毛发

任务描述

在后期图片制作中，经常遇到抠图的对象中包含大量的头发细节，对于设计师来说是比较难处理的情况。不规则的发丝及空隙，使各种选择工具都难以施展。即使勉强抠出头发，也会有背景残留，或者时间较长，达不到商业应用的标准。本任务将针对复杂的发丝抠图任务提供快速、完善的解决方案，效果如图 6-57 所示。

图 6-57

效果分析

抠图的目的是要将需要的图像部分保留，同时去掉不需要的部分，所以做出精准的发丝选区是第 1 个要解决的问题，如何消除残留的背景色是第 2 个重要问题。对于第 1 个问题将使用【Alpha】通道进行选区的建立，第 2 个问题将使用图层混合模式来解决。

 知识储备

在 Photoshop 中，通道分为颜色通道、专色通道和 Alpha 选区通道 3 种。简言之，颜色通道是由图像中所有像素点的颜色信息组成的。所以，可以在 RGB 图像的通道面板中看到红、绿、蓝 3 个颜色通道和一个 RGB 的复合通道。在实际使用中，修改颜色通道会影响原图的色调，因此通常不会修改颜色通道。专色通道用于存放专色信息，主要用于印刷时制作专色版。Alpha 选区通道用来存储选区以及对选区进行复杂变形，是通道中最常使用的功能。

1. 颜色通道

颜色通道是在打开新图像时自动创建的，图像的颜色模式决定了所创建的颜色通道的数目。

（1）例如，RGB 图像的每种颜色（红色、绿色和蓝色）都有一个通道，并且还有一个用于编辑图像的复合通道，其中红通道是由图像中所有像素点的红色信息组成的，同样，绿通道或者蓝通道则是由所有像素点的绿色信息或者蓝色信息所组成的。如果是 CMYK 图像的通道调板，将会看到青、洋红、黄、黑 4 个颜色通道和一个 CMYK 的复合通道。

（2）每个颜色通道都是一幅灰度图像，它只代表一种颜色的明暗变化。所有颜色通道混合在一起才可以形成图像的彩色效果，也就构成彩色的复合通道。

（3）当图像中存在整体的颜色偏差时，可以方便地选择图像中的一个颜色通道进行校正。如果一幅 RGB 图像原稿色调中红色不够，在对其进行校正时，则可以单独地选择红色通道进行调整。

2. Alpha 通道

Alpha 选区通道是存储选择区域的一种方法，它可以对存储的选区应用滤镜和图像处理命令，以达到对选区进行特殊变形的目的。在 Photoshop 中许多特殊效果的制作，都是利用 Alpha 选区通道进行的。

1）通道调板

选择菜单栏中的"窗口"→"通道"命令，打开通道调板。通道调板最左边的一排小眼睛图标，标示着各通道的观察状态。点亮它，则在图像窗口中显示这个通道的内容；否则，只能看到其他通道组合的结果。

2）将选区存储为 Alpha 选区通道

在图像中制作一个选择区域后，单击通道调板下方的 图标，便可将选择区域存储为一个新的 Alpha 选区通道。如果当前没有闪动的选择线，则通道调板下方的 图标是不可选的。在新建的 Alpha 选区通道中，原来选择区域以内的部分用白色标示，而未被选择的区域用黑色表示；如果所制作的选择区域有羽化效果，那么 Alpha 选区通道中会出现一些灰色的层次。

在单击通道调板的 🔲 图标的同时按【Alt】键，弹出"新建通道"对话框，与使用通道调板弹出菜单中的"新建通道"命令效果一样，如图 6-58 所示。

还可以通过菜单存储 Alpha 选区通道，选择"选择"→"存储选区"命令，可以将现有的选择区域存储为 Alpha 选区通道，如果图像中已经存储了其他的 Alpha 选区通道，还可以在弹出的对话框中进行已有通道之间的换算关系，如图 6-59 所示。

图 6-58

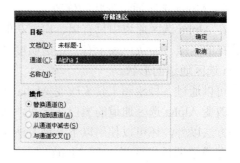

图 6-59

首先在通道选项中选择要进行操作的现有 Alpha 通道，其次进行操作，选择"替换通道"选项可替换现有的 Alpha 通道；选择"添加到通道"可将选择范围添加到现有的 Alpha 通道中；选择"从通道中减去"可以从现有的通道中减去要存储的选择范围；选择"与通道交叉"是取现有的通道与要存储的通道相交的部分存储为新的 Alpha 通道。

3）载入 Alpha 选区通道

调用 Alpha 选区通道中存储的选择区域，只需要将 Alpha 选区通道直接拖到通道调板底部的 🔲 图标上即可，或者使用快捷操作，在调板中选择一个 Alpha 选区通道，单击调板下方的 🔲 图标，或在按【Ctrl】键的同时，单击调板中的 Alpha 选区通道，还可以通过菜单中的命令载入 Alpha 选区通道，选择"选择"→"载入选区"命令，可弹出"载入选区"对话框，如图 6-60 所示。

图 6-60

4）通道与选择区域的加减

如果当前图像中已有选区存在，则已有的选区可以和 Alpha 选区通道进行相加、相减和相交的操作。

◇ 相加：在按组合键【Ctrl+Shift】的同时，单击要载入的 Alpha 选区通道。

◇ 相减：在按组合键【Alt+Shift】的同时，单击要载入的 Alpha 选区通道。

◇ 相交：在按组合键【Ctrl+Alt+Shift】的同时，单击要载入的 Alpha 选区通道。

5）复制与删除通道

将已有的某个通道拖动到调板下方的 图标上进行复制，还可以拖到 图标来删除通道，或者选择某个通道，单击调板右上角弹出菜单中的"复制通道"和"删除通道"命令来完成操作。

6）Alpha 选区通道形状的修改

在 Alpha 选区通道中只有黑、白、灰的层次变化，其中黑色表示未选择的区域，白色表示选择的区域，而灰色表示有一定透明度的区域，所以，可以通过改变通道中的颜色来修改 Alpha 选区通道的形状。

可以通过各种绘图工具来改变 Alpha 选区通道的黑白灰层次，还可以使用各种填充的方法来改变 Alpha 选区通道的黑白灰层次，从而改变 Alpha 选区通道所代表的选择区域。除了这些方法以外，还可以使用以下几种方法。

在通道调板中选择一个 Alpha 选区通道，如图 6-61 所示，对于选择区域来说，可以通过"选择"→"修改"→"扩展"命令，使通道中代表选择区域的白色部分扩大，如图 6-62 所示，或者通过"选择"→"修改"→"收缩"命令，使白色部分缩小，如图 6-63 所示。

图 6-61

图 6-62

图 6-63

还可以通过羽化选区的方法，制作具有一些灰色层次的通道，制作选区，通过"选择"→"修改"→"羽化"命令，或者按组合键【Ctrl+Alt+D】来羽化选区，将选区存储为

Alpha 通道，得到如图 6-64 所示效果。

图 6-64

3. 专色通道

专色通道可以保存专色信息。通常，彩色印刷品是通过青、洋红、黄、黑 4 种原色油墨印制而成的。但由于印刷油墨本身存在一定的颜色偏差，印刷品在再现一些纯色，如红、绿、蓝等颜色时会出现很大的误差。因此，在一些高档的印刷品制作中，人们往往在青、洋红、黄、黑 4 色油墨以外加印一些其他颜色，以便更好地再现其中的纯色信息，这些加印的颜色就是所说的"专色"。专色的准确性非常高而且色域很宽，它可以用来替代或补充印刷色，如金色、银色和荧光色等。

下面介绍建立专色通道的方法。

单击通道面板旁边的三角，就会弹出一个菜单，如图 6-65 所示，选择"新建专色通道"后，会出现一个对话框，如图 6-66 所示，输入专色通道的名称，设置颜色与实色数值即可。

图 6-65

图 6-66

 操作步骤

以上主要学习了 Photoshop CS3 中关于通道的知识，下面通过制作抠出精细毛发的实例，对前面所学知识进行巩固练习。

1. 抠出精细发丝

（1）打开本节素材图 2.jpg，这张素材的难点在于发丝，图中人物的其他部分使用简单的选择工具即可快速抠出。对于难度较大的发丝，本例将使用通道进行选取。

（2）打开通道面板，在通道面板中用鼠标分别单击"红"、"绿"、"蓝" 3 个通道，在 3 个通道之间进行切换，在切换的过程中仔细观察人物头发发梢与背景的对比度，选择对比明显的通道。在这里选择对比明显的蓝色通道，将蓝通道拖到创建新通道图标按钮处，得到一个新的"蓝副本"通道，如图 6-67 所示。

图 6-67

（3）选择通道面板中的"蓝副本"通道。选择"图像"→"调整"→"反相"（组合键
【Ctrl+I】）。这时图像成为负片，头发部分变为白色。但是图像背景仍有大量白色残留，选择
画笔工具，将前景色设为黑色，在图像的背景区域小心涂抹，注意涂抹时应避开头发区域，
如图 6-68 所示。

图 6-68

（4）选择"图像"→"调整"→"色阶"（组合键【Ctrl+L】），在"色阶"对话框中将
直方图下的白色滑块向左拖动，图像的白色区域变得更白、更清晰。同时将直方图下的黑色
滑块向右拖动，图像的黑色区域变得更黑、更清晰，如图 6-69 所示。

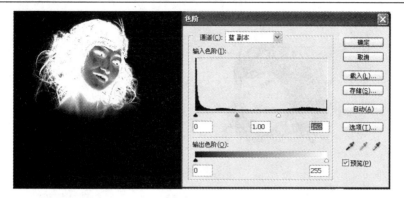

图 6-69

（5）单击通道面板下方的"将通道作为选区载入"按钮，得到发丝部分的选区，如图 6-70 所示，保持选区，切换到图层面板单击"背景"层，这时屏幕显示会回到图层的彩色显示，选择"图层"→"新建"→"通过复制的图层"（组合键【Ctrl+J】），得到"图层1"，如图 6-71 所示，新建一个图层 2，在前景色中设置一个和背景色不同的颜色，填充到图层（组合键【Alt+Del】），如图 6-72 所示。

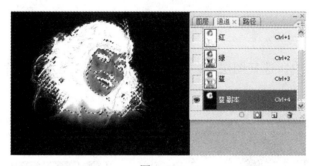

图 6-70

图 6-71

139

图 6-72

（6）在图层面板中，选择图层 2，更改图层的混合模式为"正片叠底"，如图 6-73 所示。

图 6-73

2. 抠取人物主体

（1）单击图层面板中图层 1、图层 2 之前的眼睛图标，隐藏这两个图层的显示。在图层面板中，选中"背景"层，使用"多边形套索工具"精细抠取人物边缘，在遇到发丝时不用细抠，直接选入，如图 6-74 所示，选择"选择"→"羽化"命令（组合键【Ctrl+Alt+D】），在弹出的对话框中输入数值"2"，选择"图层"→"新建"→"通过复制的图层"（组合键【Ctrl+J】），得到图层 3，将图层 3 拖到所有图层的最上面，如图 6-75 所示。

图 6-74

图 6-75

（2）复制并选中图层 3，使用"橡皮擦"工具，将画笔硬度设为"0"，使用适当的画笔
大小，小心擦掉发丝部分，以显露出图层 1 中的内容，如图 6-76 所示。

图 6-76

（3）打开风景素材图 3.jpg，将其拖入 2.jpg 中，并将此图层拖到图层 1 下面，适当调整图片大小，完成后效果如图 6-77 所示。

图 6-77

总结与回顾

本章通过"贺卡"设计和"抠精细发丝"两个精彩实例的制作，主要学习了 Photoshop CS3 中路径与通道的相关知识。路径与通道是非常重要的两个知识点，在以后的操作中是必不可少的。

知识拓展

1. 混合模式

图层混合模式在 Photoshop 设计中经常运用，在进行 Photoshop 的图层操作时，图层控制面板上有一个影响图层叠加效果的选项，称为混合模式，它决定了当前图层与下一图层的合成方式，不同的图层模式所呈现的效果各异。在其他许多控制板（如笔刷工具等）和命令对话框中也有类似的混合模式。在影楼照片调色和设计时图层混合模式被广泛应用。例如，在调色中要打造照片浪漫、梦幻效果，就需要把图层复制，变换图层混合模式，可以使画面色彩具有轻柔梦境的感觉；在设计中常用图层与图层之间的混合模式关系来融图，它所呈现的效果和抠图的效果不分伯仲，且过渡柔和。灵活运用好 Photoshop 中的图层混合模式，可以创作出丰富多彩的叠加及着色效果，获得一些意想不到的奇异风采。

（1）正常模式（Normal 模式）——这是图层混合模式的默认方式，较为常用。它不和其他图层发生任何混合，即用当前图层像素的颜色覆盖下层颜色。

（2）溶解模式（Dissolve 模式）——溶解模式产生的像素颜色来源于上下混合颜色的一个随机置换值，与像素的不透明度有关。将目标层图像以散乱的点状形式叠加到底层图像上时，对图像的色彩不产生任何的影响。通过调节不透明度，可增加或减少目标层散点的密度。其结果通常是画面呈现颗粒状或线条边缘粗糙化。

（3）变暗模式（Darken 模式）——该模式是混合两图层像素的颜色时，对这两者的 RGB 值（RGB 通道中的颜色亮度值）分别进行比较，取两者中低的值再组合成为混合后的颜色，所以总的颜色灰度级降低，造成变暗的效果。显然用白色去合成图像时毫无效果。考察每个通道的颜色信息及相混合的像素颜色，选择较暗的作为混合的结果。颜色较亮的像素会被颜色较暗的像素替换，而较暗的像素就不会发生变化。

（4）正片叠底模式（Multiply 模式）——考察每个通道里的颜色信息，并对底层颜色进行正片叠加处理。其原理和色彩模式中的"减色原理"是一样的。这样混合产生的颜色总是比原来的要暗。如果和黑色发生正片叠底，则产生的就只有黑色。而与白色混合就不会对原来的颜色产生任何影响。将上下两层图层像素颜色的灰度级进行乘法计算，获得灰度级更低的颜色而成为合成后的颜色，图层合成后的效果简单地说是低灰阶的像素显现而高灰阶不显现（深色出现，浅色不出现），产生类似正片叠加的效果。

（5）颜色加深（Color Burn 模式）——使用这种模式时，会加暗图层的颜色值，加上的颜色越亮，效果越细腻。让底层的颜色变暗，有点类似于正片叠底，但不同的是，它会根据叠加的像素颜色相应增加底层的对比度。它和白色混合没有效果。

（6）线性颜色加深模式（Linear Burn 模式）——同样类似于正片叠底，通过降低亮度，让底色变暗以反映混合色彩。

（7）变亮模式（Lighten 模式）——与变暗模式相反，变亮混合模式是将两像素的 RGB 值进行比较后，取高值成为混合后的颜色，因而总的颜色灰度级升高，造成变亮的效果。用黑色合成图像时无作用，用白色时则仍为白色。比较相互混合的像素亮度，选择混合颜色中较亮的像素保留起来，而其他较暗的像素则被替代。

（8）屏幕模式（也称滤色，Screen 模式）——它与正片叠底模式相反，合成图层的效果是显现两图层中较高的灰阶，而较低的灰阶则不显现（浅色出现，深色不出现），产生出一种漂白的效果。产生一幅更加明亮的图像。按照色彩混合原理中的"增色模式"混合。也就是说，对于屏幕模式，颜色具有相加效应。

（9）颜色减淡（Color Dodge 模式）——使用这种模式时，会加亮图层的颜色值，加上的颜色越暗，效果越细腻。与 Color Burn 刚好相反，通过降低对比度，加亮底层颜色来反映混合色彩。与黑色混合没有任何效果。

（10）线性减淡（Linear Dodge 模式）——线性颜色减淡模式。类似于颜色减淡模式，但是通过增加亮度来使得底层颜色变亮，以此获得混合色彩。

（11）叠加模式（Overlay 模式）——采用此模式合并图像时，综合了相乘和屏幕模式两种模式的方法，即根据底层的色彩决定将目标层的哪些像素以相乘模式合成，哪些像素以屏幕模式合成。合成后有些区域图变暗有些区域变亮。一般来说，发生变化的都是中间色调，高色和暗色区域基本保持不变。像素是进行 Multiply（正片叠底）混合还是 Screen（屏幕）混合，取决于底层颜色。颜色会被混合，但底层颜色的高光与阴影部分的亮度细节就会被保留。

（12）柔光模式（Soft Light 模式）——作用效果如同是打上一层色调柔和的光，因而称为柔光。作用是将上层图像以柔光的方式施加到下层。当底层图层的灰阶趋于高或低时，则会调整图层合成结果的阶调趋于中间的灰阶调，而获得色彩较为柔和的合成效果。形成的结果是：图像中的亮色调区域变得更亮，暗色区域变得更暗，图像反差增大类似于柔光灯的照射图像的效果。变暗还是提亮画面颜色，取决于上层颜色信息。产生的效果类似于为图像打上一盏散射的聚光灯。

（13）强光模式（Hard Light 模式）——作用效果如同是打上一层色调强烈的光，所以称为强光，所以如果两层中颜色的灰阶是偏向低灰阶，作用与正片叠底模式类似，而当偏向高灰阶时，则与屏幕模式类似。中间阶调作用不明显。正片叠底或者屏幕混合底层颜色，取决于上层颜色，产生的效果就好像为图像应用强烈的聚光灯一样。

（14）亮光模式（艳光模式，Vivid Light 模式）——调整对比度以加深或减淡颜色，取决于上层图像的颜色分布。如果上层颜色（光源）亮度高于 50%灰，图像将被降低对比度并且变亮；如果上层颜色（光源）亮度低于 50%灰，图像会被提高对比度并且变暗。

（15）线性光模式（Linear Light 模式）——如果上层颜色（光源）亮度高于中性灰（50%灰），则用增加亮度的方法来使得画面变亮；反之，用降低亮度的方法来使画面变暗。

（16）固定光模式（点光，Pin Light 模式）——按照上层颜色分布信息来替换颜色。如果上层颜色（光源）亮度高于 50%灰，比上层颜色暗的像素将会被取代，而较之亮的像素则不发生变化。如果上层颜色（光源）亮度低于 50%灰，则比上层颜色亮的像素会被取代，而较之暗的像素不发生变化。

（17）实色混合（强混合模式，Hard Mix 模式）——选择此模式后，该图层图像的颜色会和下一图层图像中的颜色进行混合，通常情况下，当混合两个图层后结果是：亮色更加亮了，暗色更加暗了，降低填充不透明度建立多色调分色或者阈值，降低填充不透明度能使混合结果变得柔和。

（18）差值（差异模式，Difference 模式）——将要混合图层双方的 RGB 值中每个值分别进行比较，用高值减去低值作为合成后的颜色。

（19）排除模式（Exclusion 模式）——用较高阶或较低阶颜色去合成图像时与差值毫无

分别，使用趋近中间阶调颜色则效果有区别，总的来说效果比差值要柔和，排除模式和差值类似，但是产生的对比度会较低。

（20）色相（色调模式，Hue 模式）——合成时，用当前图层的色相值去替换下层图像的色相值，而饱和度与亮度不变，决定生成颜色的参数包括：底层颜色的明度与饱和度，上层颜色的色调。

（21）饱和度模式（Saturation 模式）——合成时，用当前图层的饱和度去替换下层图像的饱和度，而色相值与亮度不变。

（22）颜色模式（着色模式，Color 模式）——兼有以上两种模式，用当前图层的色相值与饱和度替换下层图像的色相值和饱和度，而亮度保持不变。决定生成颜色的参数包括：底层颜色的明度，上层颜色的色调与饱和度。这种模式能保留原有图像的灰度细节。这种模式能用来对黑白或者是不饱和的图像上色。

（23）亮度模式（明度模式，Luminosity 模式）——合成两图层时，用当前图层的亮度值去替换下层图像的亮度值，而色相值与饱和度不变。决定生成颜色的参数包括：底层颜色的色调与饱和度，上层颜色的明度。

2. 混合模式的常见用法

在实际工作中，经常会遇到单色背景照片，如何能使单色背景照片更有视觉冲击力且特立独行呢，下面将运用图层混合模式和图层蒙版把普通的单色背景写真照片打造出奇异的效果。

（1）执行菜单栏中的"文件"→"新建"命令，新建名为"个性写真"、"宽度"为 600 像素、"高度"为 800 像素、"分辨率"为 72 像素的 RGB 模式的文件。

（2）打开本章素材图 4.jpg，使用多边形套索工具，将人物选中，按组合键【Ctrl+Alt+D】，对选区羽化 2 像素，如图 6-78 所示，使用"移动工具"将选区中的人物移动到"个性写真"文件中，得到图层 1，按组合键【Ctrl+T】，调整素材图到合适大小，如图 6-79 所示。

图 6-78

图 6-79

（3）打开本章素材图 5.jpg，使用"移动工具"将选区中的人物移动到"个性写真"文件中，得到图层 2，将图层 2 置于图层 1 的下方，如图 6-80 所示。

图 6-80

（4）打开本章素材图 6.jpg，使用移动工具将选区中的人物移动到"个性写真"文件中，得到图层 3，置于图层 1 的上方，按组合键【Ctrl+T】，调整素材图到合适大小，将图层 3 的图层混合模式设置为"滤色"，不透明度设为 80%，如图 6-81 所示，为图层 3 添加蒙版，将前景色设置为黑色，运用画笔对衔接生硬的部分进行处理，使其更加自然，效果如图 6-82 所示。

图 6-81

图 6-82

（5）打开本章素材图 7.jpg，使用移动工具将选区中的人物移动到"个性写真"文件中，得到图层 4，置于图层 1 的下方，按组合键【Ctrl+T】，调整素材图到合适大小，如图 6-83 所示，将其图层模式改为"叠加"，效果如图 6-84 所示。

图 6-83

图 6-84

（6）打开本章素材图 8.jpg，使用"移动工具"将选区中的人物移动到"个性写真"文件中，得到图层 5，置于图层 1 的下方，执行"编辑"→"变换"→"垂直翻转"命令，调节位置按组合键【Ctrl+T】，调整素材图到合适大小，如图 6-85 所示，将其图层模式改为"滤色"，最终效果如图 6-86 所示。

图 6-85

图 6-86

（7）执行菜单栏中的"文件"→"保存"命令，将该文件另存为"个性写真.psd"文件。

6.3　课后实训 1

　　路径是 Photoshop CS3 中的重要内容，Photoshop CS3 中引入路径，为设计标志提供了便利。请利用所学知识，绘制如图 6-87 所示的咖啡杯。

图 6-87

 操作提示

　　使用路径工具绘制出咖啡杯、托盘及雾气的轮廓，使用填充路径来填充黑色，或者将路径转换成选区进行填充，使用这种方法时要注意，要分别绘制路径，分层填充颜色。

6.4 课后实训 2

请运用所学通道知识，制作如图 6-88 所示的写真效果。

图 6-88

 操作提示

通过建立 Alpha 通道来抠出发丝，通过调整图层模式来使抠出的发丝与背景层进行融合。

课后习题

1．填空题

（1）路径是由（　　　）组成的。

（2）锚点分为（　　　）和（　　　）。

2．选择题

（1）要暂时隐藏路径在图像中的形状，执行以下的哪一种操作（　　　）。

　　A．在路径控制面板中单击当前路径栏左侧的眼睛图标

B．在路径控制面板中按【Ctrl】键单击当前路径栏

C．在路径控制面板中按【Alt】键单击当前路径栏

D．单击路径控制面板中的空白区域

（2）CMYK 模式中共有（　　　）个单独的颜色通道。

A．1　　　　　　　　B．2　　　　　　　　C．3　　　　　　　　D．4

（3）如果想直接将 Alpha 通道中的选区载入，那么在按（　　　）键的同时并单击 Alpha 通道。

A．【Alt】　　　　　　B．【Ctrl】　　　　　　C．【Shift】　　　　　　D．【Shift+Alt】组合

3．判断题

（1）通道可以分为颜色通道、专色通道和 Alpha 选区通道 3 种。（　　　）

（2）专色通道主要是用来表现 CMYK 四色油墨以外的其他印刷颜色。（　　　）

第 **7** 章

滤镜特效应用

重点知识

1. 掌握"滤镜"菜单中常用滤镜的使用方法。
2. 掌握应用滤镜制作画面特效、字体特效及综合特效的能力。
3. 了解 Photoshop 外挂滤镜的安装及使用方法。

滤镜是 Photoshop 中制作特效的强大工具之一，简单的操作就能让画面意味十足、焕然一新。滤镜在 Photoshop 中主要用来制作画面特效与文字特效，滤镜的操作方法简单，却能得到很好的效果，特别是多个滤镜组合使用时。Photoshop 的滤镜一般分为两类，一类是 Photoshop 自带的滤镜，可以直接使用，这种滤镜常称为内置滤镜。另一类是第三方软件商开放的滤镜，常称为外挂滤镜。第三方外挂滤镜比较著名的有 Eye Candy 滤镜系列和 KPT 滤镜系列等。

7.1　课堂实训 1　画面特效

图 7-1

任务描述

在照片后期处理中，经常需要对照片制作画面特效，增加画面的情趣。使用滤镜制作画面特效，首先需要对素材进行分析，针对不同素材可能会用到不同的滤镜工具，不同的滤镜又赋予画面不同的效果，同时多种滤镜的组合应用，又让滤镜效果绚丽多彩富于变化。

本节将如图 7-1 所示的图片，调制成如图 7-2 所示的最终效果。

图 7-2

效果分析

要将普通图片调出油画效果，首先要添加画布肌理，其次通过对图片进行艺术加工，使其更接近油画的绘画方式，最后加强图片的色彩饱和度也是必不可少的。

要想调出以上效果图，首先需要掌握 Photoshop CS3 "滤镜"菜单中的常用滤镜命令的应用方法和操作技巧。

知识储备

"滤镜"菜单是 Photoshop 中包含命令最多的菜单之一，是所有滤镜命令包括外挂滤镜的存放位置。"滤镜"菜单被分割线分割为如图 7-3 所示的 5 部分内容（安装外挂滤镜后），菜单底部区域为外挂滤镜。

1. "上次滤镜操作"命令

通过执行"上次滤镜操作"命令，可以快速地应用上次应用过的滤镜效果。而要应用上次应用过的滤镜，并打开滤镜设置对话框，可以使用组合键【Ctrl+Alt+F】。

2. 风格化滤镜

风格化滤镜的作用原理是通过各种方法在原图中替换像素、增强相邻像素的对比度，使图像产生夸张的视觉效果，菜单如图 7-4 所示。在"风格化滤镜"系列命令中较常用的是"风"命令，通常使用这一命令制作火焰、光线的特效。

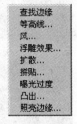

图 7-3   图 7-4

3. 画笔描边滤镜

"画笔描边"滤镜，通过使用不同笔刷和墨对图像边缘进行处理，产生艺术画的效果，如图 7-5 所示。

4. 模糊滤镜

模糊滤镜减小图像中相邻像素的对比度，从而使画面产生模糊的效果，常用来柔化图像边缘。进行修饰、润饰图像时，使用模糊滤镜将很有效，如图 7-6 所示。"模糊"滤镜中常用到的命令是"高斯模糊"、"动感模糊"和"径向模糊"。

（1）打开本章素材文件 1.jpg，复制背景层得到"背景副本"。

（2）执行菜单栏中的"滤镜"→"模糊"→"径向模糊"命令，模糊方法选择"缩放"，数量设置为"100"，如图 7-7 所示。

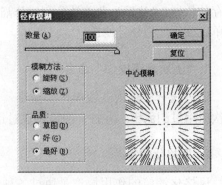

图 7-5   图 7-6   图 7-7

（3）径向模糊的效果如图 7-8 所示。

图 7-8

（4）对"背景副本"图层添加图层蒙版，使用画笔工具编辑图层蒙版得到最终效果如图 7-9 所示。

5. 扭曲滤镜

扭曲滤镜可以使图像产生某种形式的扭曲，如图 7-10 所示。扭曲滤镜的效果一般较为强烈，在使用时尽量对图像区域进行略微的羽化，扭曲滤镜是较为常用的滤镜系列命令。

图 7-9

波浪...
波纹...
玻璃...
海洋波纹...
极坐标...
挤压...
镜头校正...
扩散亮光...
切变...
球面化...
水波...
旋转扭曲...
置换...

图 7-10

（1）打开本章素材文件 2.jpg，设置前景色为蓝色，背景色为白色。

（2）新建图层得到"图层 1"，选择矩形选框工具，在文件下方绘制一个矩形选区，如图 7-11 所示。

（3）选择图层 1，使用渐变工具，选择从前景色到背景色的渐变类型，在选区内填充渐变，如图 7-12 所示。

图 7-11

图 7-12

（4）取消选区，执行菜单栏中的"滤镜"→"扭曲"→"波纹"命令，设置数量为"999"，大小为"大"，如图 7-13 所示。

（5）执行菜单栏中的"滤镜"→"扭曲"→"波纹"命令，设置数量为"999"，大小为"中"，效果如图 7-14 所示。

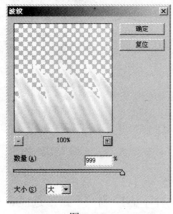

图 7-13

图 7-14

（6）执行菜单栏中的"滤镜"→"扭曲"→"旋转扭曲"命令，适当设置参数，得到如图 7-15 所示效果。

图 7-15

6. 锐化滤镜

锐化滤镜增加了图像中相邻像素的对比度，使图像的边缘更加犀利，通常对扫描图稿应用此滤镜，如图 7-16 所示。

7. 视频滤镜

视频滤镜包括逐行滤镜和 NTSC 颜色滤镜，用于将图像调整为可以在电视上显示的色彩或对电视上捕获的图像进行处理，极少使用，如图 7-17 所示。

图 7-16　　　　　　　　　　　　　　　图 7-17

8. 素描滤镜

素描滤镜是使图像模拟多种绘画效果的滤镜命令，如图 7-18 所示。

（1）打开本章素材文件 3.jpg，复制背景层，得到"背景副本"图层。

（2）执行菜单栏中的"滤镜"→"素描"→"半调图案"命令，设置大小为"9"，对比度为"50"，如图 7-19，效果如图 7-20 所示。

图 7-18　　　　　　　　　　　　　　　图 7-19

157

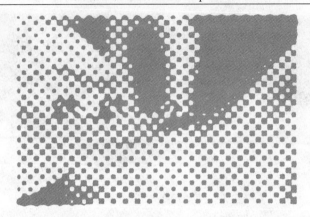

图 7-20

（3）将"背景副本"图层混合模式改为"叠加"，图像效果如图 7-21 所示。

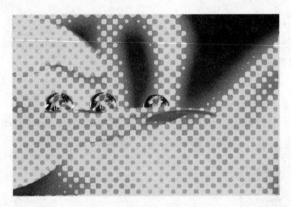

图 7-21

9. 纹理滤镜

纹理滤镜通过替换像素、增强相邻像素的对比度，使图像产生特殊纹理的效果，如图 7-22 所示。

对图片执行"纹理"滤镜中的"染色玻璃"命令后，会得到如图 7-23 所示的效果。

图 7-22

图 7-23

10. 像素化滤镜

使用像素化滤镜可以将图像变为由指定的元素组成的图像，如图 7-24 所示。

11. 渲染滤镜

渲染滤镜有分层云彩、光照效果、镜头光晕、纤维和云彩 5 个滤镜，在滤镜特效中是较为常用的一个子菜单，如图 7-25 所示。

图 7-24　　　　　　　　　　　　　　　　　图 7-25

（1）新建文件，将前景色与背景色设置为默认颜色，执行菜单"滤镜"→"渲染"→"分层云彩"命令，重复若干次，效果如图 7-26 所示。

（2）执行菜单"滤镜"→"渲染"→"镜头光晕"命令，将亮度设置为"180"，如图 7-27 所示。

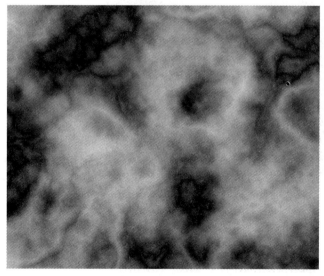

图 7-26　　　　　　　　　　　　　　　　　图 7-27

（3）执行菜单"滤镜"→"渲染"→"光照效果"命令，设置如图 7-28 所示，注意将"光照类型"与"属性"右侧的颜色分别设置为黄色和红色。

（4）执行菜单"滤镜"→"扭曲"→"玻璃"命令，将扭曲度设为"8"，纹理选择"磨砂"，如图 7-29 所示。

（5）最终的画面效果如图 7-30 所示。

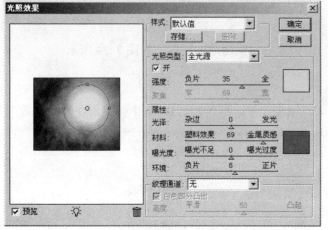

图 7-28

图 7-29

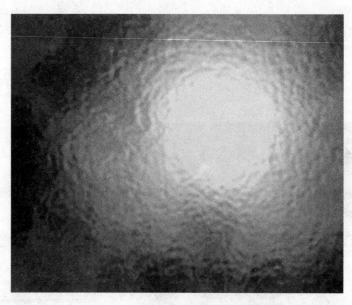

图 7-30

12. 艺术效果滤镜

艺术效果滤镜可以将图像转为不同类型的绘画作品，如图 7-31 所示。

13. 杂色滤镜

使用杂色滤镜可以在图像上添加或移去杂色，既可以移去图像上不需要的痕迹、尘点，也可以用于制作背景图案效果，如图 7-32 所示。

14. 其他滤镜

其他滤镜通过加强或减少某一部分像素的范围，使图像产生特殊效果，如图 7-33 所示。

图 7-31　　　　　　　　　图 7-32　　　　　　　　　图 7-33

 操作步骤

以上学习了 Photoshop CS3 中常用滤镜命令的使用，下面通过将风景图片转为油画效果的例子来对以上所学知识进行巩固练习。

（1）执行菜单栏中的"文件"→"打开"命令，在打开的对话框中找到素材图 4.jpg，如图 7-34 所示。

图 7-34

（2）复制背景层，并将新图层命名为"玻璃"，执行菜单"滤镜"→"扭曲"→"玻璃"命令，设置如图 7-35 所示。将本图层的不透明度改为 60%，这样就模拟出了画布的粗糙效果。

（3）盖印图层，将新图层命名为"调色刀"，执行菜单"滤镜"→"艺术效果"→"调色刀"命令，设置如图 7-36 所示。将本图层不透明度设置为 40%，模拟油画的效果。

（4）调色刀的效果还不够，为了增加油画的氛围，盖印图层，将新图层命名为"海洋波纹"，执行菜单"滤镜"→"扭曲"→"海洋波纹"命令，设置波纹大小为 15，波纹幅度为 7，如图 7-37 所示。将图层的不透明度设置为 40%。

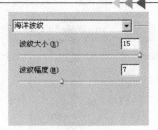

图 7-35　　　　　　　　　　图 7-36　　　　　　　　　　图 7-37

（5）盖印图层，将新图层命名为"浮雕效果"，执行菜单"滤镜"→"风格化"→"浮雕效果"命令，设置角度为-50度，数量为120，如图7-38所示。将图层的不透明度设置为70%，突出颜料的厚度。

（6）盖印图层，将新图层命名为"水彩"。执行菜单"滤镜"→"艺术效果"→"水彩"命令，设置画笔细节为"9"，阴影强度为"1"，纹理为"1"，如图7-39所示。

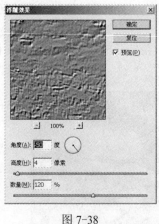

图 7-38　　　　　　　　　　　　　　图 7-39

（7）添加"色相/饱和度"调整图层，设置饱和度为"36"，最终效果如图7-40所示。

图 7-40

7.2　课堂实训 2　文字特效

 任务描述

特效字是常用到的表现手法，在 Photoshop 中用"添加图层样式"方法能制作简单的特效字，但使用这种方法制作的特效字往往过于简单。在本次任务中将应用"高斯模糊"与"光照效果"命令，快捷表现所需的效果。

 效果分析

在这个例子中，关键是使用滤镜做出文字中的光泽，这就需要结合"高斯模糊"与"光照效果"命令，并且利用通道制作高光光泽才能达到如图 7-41 所示的效果。

图 7-41

知识储备

下面来学习 Photoshop CS3 中的"高斯模糊"和"光照效果"等知识。

1．高斯模糊

高斯模糊是一个功能简单，操作直观方便的滤镜命令，它的对话框如图 7-42 所示。半径选项可以控制模糊的程度。在本例中为了制作出柔和的光泽，使用了 3 次高斯模糊数值分别为 8、4、2。多次使用模糊可以使物体的边缘过渡更加自然，可以通过图 7-43 来观察两者的区别。图中左方文字是使用了一次高斯模糊的效果，而右方文字是使用了 3 次高斯模糊的效果，右方文字的边缘更加柔和。

图 7-42

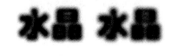

图 7-43

2．光照效果

光照效果可以为图像添加光源效果或通过使用纹理通道表现物体表面的纹理特征，如

图 7-44 所示。

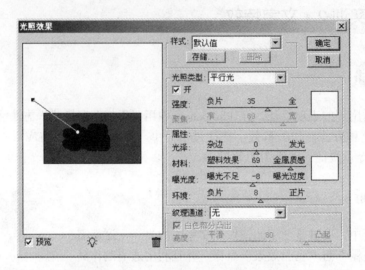

图 7-44

之前已经讲述了为图像添加光源效果的制作方法，接下来简单地介绍一下使用纹理通道表现物体表面的纹理特征的使用方法。

（1）新建文件，设置默认的前景色与背景色，执行菜单"滤镜"→"渲染"→"分层云彩"命令，反复执行若干次，效果如图 7-45 所示。

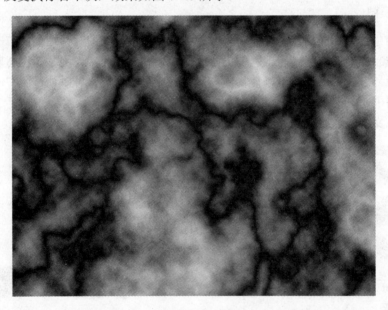

图 7-45

（2）进入通道面板，新建通道，执行菜单"滤镜"→"杂色"→"添加杂色"命令，为 Alpha1 通道添加杂色，如图 7-46 所示。

（3）执行菜单"滤镜"→"渲染"→"光照效果"命令，纹理通道选择 Alpha1 通道，如图 7-47 所示。

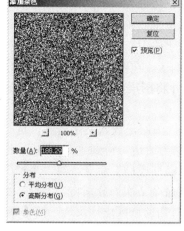

图 7-46

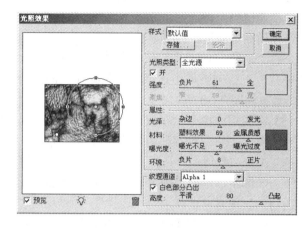

图 7-47

（4）最终效果如图 7-48 所示，可以看到在通道中制作的杂色效果，被光照效果滤镜渲染成为物体表面的纹理。

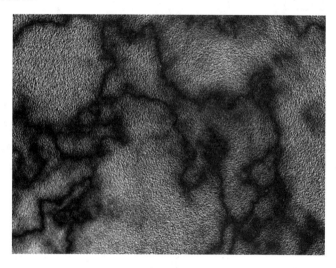

图 7-48

操作步骤

（1）执行菜单"文件"→"新建"命令，新建一个"宽度"1000 像素，"高度"500 像素，"分辨率"72 像素/英寸，"颜色模式"RGB 颜色的新文件。

（2）设置前景色为蓝色，在工具栏中选择"文字"工具，单击画面输入文字"水晶"（字体为华文琥珀，字体大小为 300 点），并将文字移至画面中心位置。

（3）在图层面板中，在按【Ctrl】键的同时单击"文本"图层，载入文字选区，选择菜单"选择"→"修改"→"收缩"命令，打开"收缩选区"对话框，设置"收缩量"为 8 像素，单击"确定"按钮确认，如图 7-49 所示。

（4）保持选区不变，在图层面板中，创建一个新图层，将前景色设为白色，并为新建的"图层1"填充上白色，取消选区。选择菜单"滤镜"→"模糊"→"高斯模糊"命令，打开"高斯模糊"对话框，将"半径"数值设置为8像素，单击"确定"按钮确认，再次执行"高斯模糊"滤镜，将"半径"数值设置为4像素，单击"确定"按钮确认，再次执行该滤镜，将"半径"数值设置为 2 像素，单击"确定"按钮确认。在图层面板 "设置图层的混合模式"下拉列表框中选择"颜色减淡"的混合模式，并将图层的"不透明度"设置为58%，效果如图 7-50 所示。

（5）在图层面板中，在按【Ctrl】键的同时单击"文本"图层，载入文字选区，选择通道面板，单击"将选区存储为通道"按钮，将文字选区存储为通道，得到"Alpha1"，选择新建的"Alpha1"通道，选择菜单"滤镜"→"模糊"→"高斯模糊"命令，将"半径"数值设置为8像素，单击"确定"按钮确认，然后依次执行该命令2次，分别将"半径"数值设置为 4、2 像素，选择菜单"选择"→ "反向"命令，对当前选区进行反选，按【Del】键执行删除，按组合键【Ctrl＋D】取消选区，效果如图 7-51 所示。

图 7-49   图 7-50   图 7-51

（6）在图层面板中，在按【Ctrl】键的同时单击"文本"图层，载入文字选区，单击"创建新图层"按钮，添加一个新图层，并为新建的"图层 2"填充白色，取消选择，将"图层 2"移至顶层，在"设置图层的混合模式"下拉列表框中选择"滤色"的混合模式，选择菜单"滤镜"→ "渲染" → "光照效果"命令，打开 "光照效果"对话框，选择"光照类型"为平行光，"纹理通道"为"Alpha1"通道，其他设置参照图 7-52 所示。

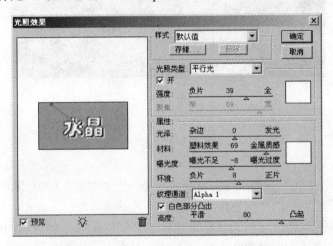

图 7-52

（7）对"图层 2"执行"高斯模糊"，将"半径"数值设置为 2 像素，选择菜单"图像"→"调整"→"曲线"命令，打开 "曲线"对话框，新增 2 个调节点，并将曲线调节如图 7-53 所示。

（8）蓝色水晶字制作完成，如图 7-54 所示。

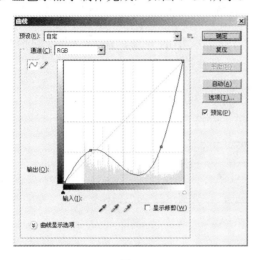

图 7-53　　　　　　　　　　　　图 7-54

总结与回顾

在 Phototshop 中使用滤镜制作特效，通常不会是单一的某个滤镜命令，而是多个命令的组合。同时由于滤镜命令效果变化大，所以需要多次尝试，甚至使用调色、蒙版等辅助才能达到良好的效果。

7.3　课后实训 1

利用本章所学滤镜知识，创建如图 7-55 所示的火焰效果图。

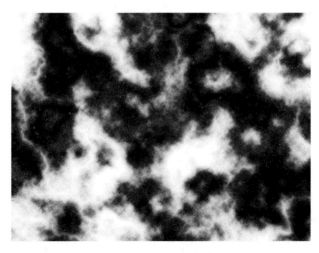

图 7-55

操作提示

首先执行"分层云彩"命令，多次执行达到火焰的外形。添加"渐变映射"调整图层，使用如图 7-56 所示的"黑、红、黄、白"渐变色即可。

图 7-56

7.4 课后实训 2

利用本章所学滤镜知识，创建如图 7-57 所示金属字效果图。

图 7-57

操作提示

此练习仍是利用了纹理通道的"光照效果"滤镜，在应用光照效果之前，要将选区进行收缩即可留出文字的边缘，最后使用色相/饱和度调色即可。

课后习题

1. 填空题

（1）执行"上次使用的滤镜"命令的快捷键是（　　）。

（2）动感模糊中模糊方法包括（　　）和（　　）。

（3）可以实现多种绘画效果的滤镜是（　　）。

2. 选择题

（1）关于文字图层执行滤镜效果的操作，下列哪些描述是正确的？（　　）

A．首先选择"图层"→"栅格化"→"文字"命令，然后选择任何一个滤镜命令

　　B．直接选择一个滤镜命令，在弹出的栅格化提示框中单击"是"按钮

　　C．必须确认文字图层和其他图层没有链接，然后才可以选择滤镜命令

　　D．必须使得这些文字变成选择状态，然后选择一个滤镜命令

（2）请问用什么样的滤镜命令可进行抠图？（　　）

　　A．使用"滤镜→抽出"命令

　　B．使用"滤镜→液化"命令

　　C．使用"滤镜→风格化→照亮边缘"命令

　　D．无法实现

（3）下列关于滤镜的操作原则哪些是正确的？（　　）

　　A．滤镜不仅可用于当前可视图层，对隐藏的图层也有效

　　B．不能将滤镜应用于位图模式（Bitmap）或索引颜色（Index Color）的图像

　　C．有些滤镜只对 RGB 图像起作用

　　D．只有极少数的滤镜可用于 16 位通道图像

（4）有些滤镜效果可能占用大量内存，特别是应用于高分辨率的图像时，以下哪些方法可提高工作效率？（　　）

　　A．先在一小部分图像上试验滤镜和设置

　　B．如果图像很大，且有内存不足的问题时，可将效果应用于单个通道（如应用于每个 RGB 通道）

　　C．在运行滤镜之前先使用"清除"命令释放内存

　　D．将更多的内存分配给 Photoshop，如果需要，可将其他应用程序退出，以便为 Photoshop 提供更多的可用内存

第 **8** 章

数码照片综合处理

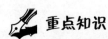 重点知识

1. 了解婚纱影楼工作流程的工作流程。
2. 了解画面色彩、构图的基本知识并进行简单应用。
3. 掌握综合运用 Photoshop 进行版面编辑的能力。

8.1 影楼后期工作流程

照片拍摄完成后将进入后期制作，由设计部门对数码照片进行修饰、加工、美化，不同的影楼具体分工略有差异，有将调色与设计合二为一称做设计部的，也有分为调色部与设计部的。主要流程是：客户相片上传至客户文件夹中，由设计部门接单，调色修片；客户到影楼挑选合适的照片与相册；选完后设计师进行版式设计或套版，客户再选样；选完后设计部门进行精修和调色，送交冲印出片；最后在车间制作产品（相册、水晶等），客户取件完成整套流程。调色与修图在前面的章节中已经详细地介绍了，这里介绍一下其他的流程细节。

1. 选片与分配

此环节在客户第一次选片之后，设计师将客户选择的照片结合相册的页数，进行分配，初步确定每页所用照片。需要注意的细节如下。

✧ 统计照片数量，计算每页入册照片数量
✧ 按服装对照片进行分配
✧ 按场景对照片进行分配
✧ 按色彩对照片进行分配
✧ 按人物肢体动作对照片进行分配
✧ 检查最后总页数

2. 商业相册

婚纱相册按制作工艺分为两大类：传统手工相册和一体成型相册。

1）传统手工相册分为以下 3 类：

◇ 非全满版相册

◇ 全满版相册

◇ 全满版跨页无中缝相册

2）一体成型相册有：

◇ 普通一体成型相册

◇ 圣经相册

◇ 水晶封面圣经相册

● 拉米娜水晶框：把照片压到密度板上然后浇上水晶液，冷却成型，图片背板和水晶包在一起。

● 拉米娜版画婚纱照相册：将照片热裱或者冷裱，用机器压制在板上。拉米娜版画是压缩材料，表面粗糙，有些小坑。

● 雷蒙娜框：是一种新型的装裱形式，经过多道工序把照片图片直接装裱在背板上，图片背板浑然一体，由于画纸与空气彻底隔离，具有清晰度高，色彩艳丽，永不褪色，防水、防晒和可擦洗等特点。

● 圣经相册：把整版的照片利用热裱烫金工艺和加厚内页压制在一起，相片边缘烫金。

3. 套版

1）套版的含义

套版就是套用模板，婚纱模板是影楼后期流程中的一个重要组成部分，通常是 Photoshop 分层模式，背景与模板样片是分离的，便于后期快速插入照片。在商业化运营的影楼中，后期制作简单快速是很重要的目标之一，因此套用设计好的婚纱模板是不可或缺的。婚纱模板有收费的商业模板，也有影楼自主设计的模板等，如图 8-1～图 8-3 所示。大型影楼通常会对内部模板进行分类，因此熟悉公司模板分类是十分重要的。

图 8-1

图 8-2

图 8-3

2）快速找版技巧

✦ 熟悉公司的模板存放位置，并对其进行类别的划分

✦ 熟悉公司的图库、素材及文字的存放位置

✦ 分析客户相片适合做什么样构图设计

✦ 快速准确地找到类似的版面

3）套版的基本原则

✦ 整套相册版面不能类同，风格变化要有跨度

✦ 灵活使用婚纱模板，依据照片的特点进行更改

✦ 色彩丰富，引人注目

4）优秀套版的特点

✦ 主体照片突出、整体位置协调

✦ 颜色搭配灵活、符合照片设计主题

✦ 合理运用素材协调整体画面、美化版面

8.2 模板的版式设计知识

1. 版面构图

构图就是按照美的视觉效果，力学的原理，对版面的元素进行编排和组合。版面的元素包括所有可用的视觉形象：照片、文字、素材和背景。构图是版面设计的灵魂，合理的构图使版面协调美观，不合适的构图使版面杂乱无章，甚至影响设计主题的表现。影响版面构图的因素主要包括：构图形式法则和编排形式法则。

2. 构图形式法则

构图的目的是把构思中典型化了的人加以强调、突出，使作品比现实生活更高、更强烈、更完善、更集中、更典型和更理想，以增强艺术效果。在观察婚纱版面中的具体事物时，如人、树和装饰元素时，应该撇开它们的一般特征，而把它们看做形态、线条、质地、明暗、颜色、用光和立体物的结合体。运用各种造型手段，在画面上生动、鲜明地表现出画面的形状、色彩、质感、立体感、动感和空间关系，才能取得满意的视觉效果。

版面设计的构图是一种"视觉空间的运动"，是视线随各元素在版面空间的运动过程。这种视觉在版面空间的流动线称为"视觉流程线"。依据"视觉流程线"将构图的形式法则大致分为单向视觉流程、曲线视觉流程和重心视觉流程。此外还有最基本的三角形构图法和黄金分割构图法。

1）单向视觉流程

单向视觉流程是最基本的构图法则，其版面组织结构简洁、有序，有强烈的视觉效果。依据构图方向分为横向构图、竖向构图和斜向构图。

（1）横向构图。将画面元素（人物、背景元素、装饰素材和文字设计）沿水平线进行分布，形成横向构图形式。横向构图在画面风格上具有宁静、稳定和信任的风格特征，如图 8-4 所示。

图 8-4

（2）竖向构图。将画面元素（人物、背景元素、装饰素材和文字设计）沿垂直线进行分布，形成竖向构图形式。竖向构图在画面风格上具有成长、延伸和坚定的风格特征，在婚纱模板设计中较少使用，如图 8-5 所示。

图 8-5

（3）斜向构图。将画面元素（人物、背景元素、装饰素材和文字设计）沿斜线进行分布，就形成了斜向构图形式。斜向构图在画面风格上具有冲击力强、动感、时尚和高注目度的风格特征，如图 8-6 所示。

图 8-6

2）曲线视觉流程

各视觉要素随弧线或回旋线运动，变化为曲线的视觉流程。曲线视觉流程不如单向视觉流程直接简明，但更具韵味、节奏和曲线美。曲线流程的形式微妙而复杂，可概括为弧线形"C"和回旋形"S"。弧线形饱满、扩张并具有一定的方向感；回旋形两个相反的弧线则产生矛盾回旋，在版面中增加深度和动感。曲线视觉流程比单向视觉流程在组织结构上显得饱满而富有变化，如图 8-7 和图 8-8 所示。

图 8-7

图 8-8

3）重心视觉流程

重心主要是指视觉心理的重心。以强烈的形象或文字独据版面某个部位或完全充斥整版，其重心的位置因其具体画面而定。在视觉流程上，首先从版面重心开始，然后顺沿形象的方向与力度的倾向来发展视线的进程。依据画面元素的不同，重心视觉流程又分为向心与离心效果。向心：视觉元素向版面中心聚拢的流程。离心：视觉元素由版面中心向四周发散的流程，犹如将石子投入水中，产生一圈一圈向外扩散的弧线运动。重心的视觉流程使版面产生强烈的视觉焦点，使主题更为鲜明而强烈，如图 8-9 和图 8-10 所示。

图 8-9

图 8-10

4）三角形构图

以 3 个视觉中心为景物的主要位置，有时以三点成面几何构成来安排景物，形成一个稳定的三角形。这种三角形可以是正三角也可以是斜三角或倒三角，其中斜三角较为常用，也较为灵活。三角形构图具有安定、均衡但不失灵活的特点，如图 8-11 所示。

5）黄金分割法构图

黄金分割法构图是构图的基本原理与法则。黄金分割法是对线段的一种分割方法，因为它具有很高的审美价值，被人们视为黄金一样的贵重，所以古希腊人称为"黄金分割法"。黄金分割法的分割原则是：将一条直线分割成长短两段，短线与长线之比等于长线与全线之比。

图 8-11

由于黄金分割法的分割方法较为复杂，又不易掌握，通常采用较为简便的方法来代替黄金分割法。三分法构图（井字形构图）通常被用来替代黄金分割法，这种分割法是简化的黄金分割法，方法是在画面水平方向上使用两条线将画面三等分，垂直方向上使用两条线将画面三等分，应用时将重要的元素（人物、文字）放置于分割的线条上，即可达到突出重点，美化版面的效果，如图 8-12 所示。

图 8-12

3. 编排形式法则

编排形式法则是创造美感画面的主要手法。在下面的法则中，从单纯与秩序中，可求取整体与完美的组织；从对称与均衡中，可求取稳定的因素；在韵律和节奏里，则可产生乐感和情调；同时对比产生强调的效应，和谐是统一整体的必备要素，而留白则使版面获得庄重和空间感。

编排的形式法则，可以帮助设计师克服设计中的盲目性，也可为设计作品提供强有力的依据，丰富设计的内涵。所有的编排法则并非是独立的，在实际应用上都是相互关联共同作用的。

1）单纯与秩序

单纯化指基本形简练、编排结构简明单纯，把握好这两点才能产生具有强烈视觉冲击力的形象力。单纯化可使版面获得完整、秩序和良好的视觉效果；反之，则杂乱不堪，造成视觉传达的障碍，如图 8-13 所示。

图 8-13

秩序是指版面各视觉元素组织有规律的形式表现。它使版面具有单纯的结构和井然有序的组织。实质上，编排越单纯，版面整体性就越强，视觉冲击力就越大；反之，编排流程秩序越复杂，整体形式及视觉冲击力就越弱，如图 8-14 所示。

图 8-14

艺术是鲜活的、变化的，只有在大量的设计实践中熟练运用，才能真正理解掌握。

2）对比与和谐

对比是将相同或相异的视觉元素做强弱对照编排所运用的形式手法。版面的各种视觉要素，在形与形、形与背景中均存在大与小、黑与白、主与次、动与静、疏与密、虚于实、刚与柔、粗与细、多与寡、鲜明与灰暗等对比因素。归纳这些对比因素，有面积、形状、质感、方向和色调这几方面的对比关系，它们彼此渗透、相互并存，交融在各版面设计中，如图 8-15 所示。

图 8-15

版面的和谐是指：一是内容与形式的调和；二是版面各部位、各视觉元素之间寻求相互协调的因素，也是在对比的同时寻求调和，所以许多版面常表现为既对比又调和的关系。

3）对称与均衡

对称与均衡是一对统一体，常表现为既对称又均衡，实质上都是求取视觉心理上的静止和稳定感。关于对称与均衡可以从两方面来分析，即对称均衡与非对称均衡。

（1）对称均衡是指版面中心两边或四周的形态具有相同的公约量而形成的静止状态，也称为绝对对称均衡。另外，上下或左右基本相等而略有变化，又称相对对称均衡。绝对对称均衡给人更庄重、严肃之感，是高格调的表现，是古典主义版面设计风格的表现，但处理不好容易产生单调、呆板的感觉。

（2）非对称均衡是指版面中等量不等形，而求取心理上"量"的均衡状态。非对称均衡比对称均衡更灵活生动，富于变化，是较为流行的均衡手段，具有现代感的特征，如图 8-16 和图 8-17 所示。

图 8-16

图 8-17

4）虚实与留白

"虚空间"指版面除设计要素——人物、文字、图形以外的空白空间，即"留白"或负形。从美学的意义上讲，留白与文字图片具有同等重要的意义，无空白则难以很好地表现文字和图片。

（1）以虚衬实，烘托主题。版面的虚与实是相辅相成的。只有留足空间才能更好地烘托、展示主题，至于留白量的多少，则由设计师的思想、风格和版面具体情况而定。但如果版面排满文字和图形，拥挤无空间，如同小说文版一样平淡，或造成主次不分、杂乱、不舒服感，毫无阅读兴趣和重点，如图 8-18 所示。

图 8-18

（2）布局空间增强设计的审美性。留白空间可以让版面呼吸，让视觉得到停歇；空间给版面自由、节奏、活力，可增强版面的艺术表现力，产生对比与和谐美的作用。零散的空间易造成主体花乱和结构松散的感觉，布局空间是尽量将零散的空间化零为整，使版面空间获得相对的整体，来求取整个版面的整体设计性，如图 8-19 所示。

图 8-19

（3）增强空间提升设计的品质。版面中增强版面的空白率是提升设计品质和格调最重要的因素之一。在版面设计中，空是一种简略，一种品质，一种境界。空则不空，空即简略，简略即品质，是宁静、大气。版面有舍才有得，即"什么都想展示，则什么都得不到"，如图 8-20 所示。

图 8-20

8.3　模板的色彩设计知识

1. 色彩概述

色彩设计是客户打开相册的第一感觉，好的色彩设计让人心情愉快，为版面设计加分。

2. 色彩基本概念

自然界中的颜色可以分为非彩色和彩色两大类。非彩色指黑色、白色和各种深浅不一的灰色，而其他所有颜色均属于彩色。任何一种彩色具有以下 3 个属性。

◇ 色相：也称色泽，是颜色的基本特征，反映颜色的基本面貌。

◇ 饱和度：也称纯度，指颜色的纯洁程度。

◇ 明度：也称亮度，体现颜色的深浅。

非彩色只有明度特征，没有色相和饱和度的区别。

3. 三原色

计算机屏幕的色彩是由 RGB（红、绿、蓝）3 种色光所合成的，调整这 3 个基色就可以调校出其他的颜色。在许多图像处理软件里，都提供色彩调配功能，可以输入三原色的数值来调配颜色，也可直接根据软件提供的调色板来选择颜色。

4. 颜色的语言

1）红色

红色是我国文化中的基本崇尚色，它体现了中国人在精神和物质上的追求。它象征着吉祥、喜庆。西方文化中的红色则是一个贬义相当强的词，是"火"、"血"的联想，它象征着残暴、流血、狂热和危险。

2）白色

在中国文化中，白色与红色相反，是一个基本禁忌词，体现了中国人在物质和精神上的摈弃和厌恶。所以白色是枯竭而无血色、无生命的表现，象征死亡、凶兆。西方文化则认为白色高雅纯洁，所以它是西方文化中的崇尚色。它象征纯洁、典雅和神圣。

3）黑色

在中国文化里黑色有沉重的神秘之感，是一种庄重而严肃的色调。黑色是西方文化中的基本禁忌色，体现了西方人精神上的摈弃和厌恶。它象征死亡、凶兆和灾难。

4）黄色

黄色在中国文化中是红色的一种发展变异，它代表权势、威严，这是因为在古代的五方、五行、五色中，中央为土黄色。西方文化中的黄使人联想到背叛耶稣的犹太所穿衣服的颜色，所以黄色带有不好的象征意义，主要表示卑鄙和胆怯。

5）绿色

在中国传统文化中，它表示侠义、正义。西方文化中的绿色象征意义与青绿的草木颜色有很大的联系，是植物的生命色。阿思海姆说："绿色唤起自然的爽快的想法。"它象征着青春、活力、和平、理想和希望。

6）紫色

在中国民间传说中，天帝居于天上的"紫微宫"（星座），故而以紫为瑞。紫色作为祥瑞、高贵的象征，更多地被封建帝王和道教所采用。西方文化的紫色象征意义也与帝王将相和宗教有关，紫色象征高贵、神秘和优雅，是贵族的象征。

7）蓝色

在中国文化中几乎没有什么象征意义，相对而言，它在西方文化中的象征意义稍多一些。蓝色是阴性或消极的颜色。它能象征高贵、高远、沉静、忧郁和理性。

8）粉红色

在中国文化中，粉红色又称桃花色。粉红色（桃色）象征女性，如白居易《长恨歌》中有："回眸一笑百媚生，六宫粉黛无颜色。"在西方文化中，粉红色象征精华、极致和浪漫。

5. 婚纱版式配色的原则

1）先定主色，再配辅色

在设计中要想让版式美观大方，色彩和谐，达到视觉统一的效果是要经过严格的色彩规划的。在一个设计中主色直接决定婚纱模板的色彩风格，在色彩搭配中起主导作用，同时决定整体色调。主色决定后就是辅色的搭配，辅色的搭配要在主色的基础上进行，其中辅色在设计中的比例一般为主 7 辅 3，或主 6 辅 4，不要出现主辅色面积比例相当的情况，进而造成色彩混乱，风格模糊的情况。

2）有效利用黑白灰色进行色彩搭配

任何漂亮绚丽丰富的色彩都需要黑白灰的有效搭配才能在视觉上达到主次分明、重点突出、和谐统一的效果。如果页面全部都是丰富绚丽的色彩，效果必定杂乱无章、画面跳跃不定。

3）注意色彩中的对比

有对比才会有和谐，要注意色彩中的对比关系并有效控制这些对比关系，如色彩的明度对比，纯度对比，色相对比，冷暖对比，轻重对比和面积对比等。只有有效控制这些对比关系才会达到色彩明快、视觉和谐的效果。

6. 婚纱版式配色的小技巧

（1）使用同一色配色，通过一种颜色的明暗对比，或对近似色进行对比。这种方法的优点是版面颜色表达清晰、容易上手。

（2）以原照片的色调为基础，调出相似颜色，这种方法的优点是版面颜色易于表达、色调也容易被客户接受。

（3）一个版面内颜色不应太多，否则导致杂乱无章的效果。

（4）版面主体颜色必须亮丽，柔和。婚纱多用淡雅颜色，给人庄重，温馨的感觉。艺术照则多从艺术角度考虑，可以大胆运用色彩，儿童应色彩鲜明，活泼。

（5）依据客户相片背景颜色，适当进行变化，可以快速实现合成的效果。

（6）要结合摄影师的拍摄手法，运用色彩表现出摄影师思想，烘托出气氛。

8.4　课堂实训　儿童照片设计

任务描述

儿童的照片记录了孩子的成长瞬间，也体现了父母的爱与关怀。保留下宝宝最可爱的一面，使其成为永久值得回忆的记忆，而优美的照片版式设计让照片更加锦上添花。本节将为宝宝设计一张照片的版式，让爱恒久远。

素材图如图 8-21～图 8-24 所示，最终照片的效果如图 8-25 所示。

图 8-21

图 8-22

图 8-23

图 8-24

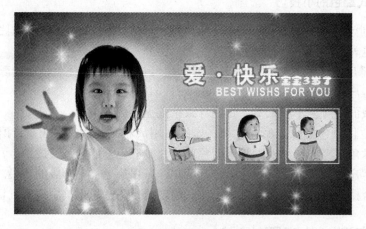

图 8-25

 效果分析

需要对 4 张素材图进行版式的设计，将使用单向流程中的横向构图进行设计。在内容的具体编排上使用对比的方式，将其中风格相同的 3 张照片缩小放在整个版式的右侧，另外一张照片放大放到整个版式的左侧，以使画面不单调。同时，在画面元素的具体安排上，使用三分法的构图原则，将放大的照片放在版面左侧的三分竖线上，以突出主体。最后给照片添加装饰元素，完成设计。

 操作步骤

1. 制作背景

（1）执行菜单栏中的"文件"→"新建"命令，新建名为"儿童照片设计"、"宽度"为 25 厘米、"高度"为 15 厘米、"分辨率"为 72 像素的 RGB 模式的文件。

（2）新建图层，得到新图层"图层 1"，将前景色设为 R：107、G：223、B：247，并填充到图层 1 中。

（3）执行菜单栏中的"文件"→"打开"命令，打开素材文件 1.jpg。将素材拖入到"儿童照片设计"文件中，得到图层 2，调整图片的大小，如图 8-26 所示。

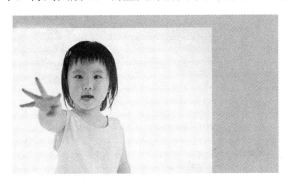

图 8-26

（4）给宝宝照片图层 2 添加图层蒙版，选择"画笔工具编辑蒙版"，得到如图 8-27 所示的效果。

图 8-27

（5）为增加背景的层次，添加"色阶"调整图层，将黑色滑块向右拖动降低暗调的亮度，参数如图 8-28 所示。

（6）此时宝宝的脸部也变暗了，使用"画笔"工具编辑"色阶 1"调整图层的蒙版，恢复宝宝脸部的亮度，蒙版的外观如图 8-29 所示。

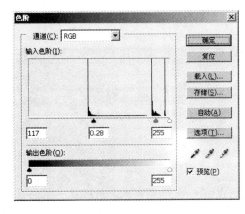

图 8-28

图 8-29

（7）为进一步降低图像的亮度，添加"曲线"调整图层，参数设置如图 8-30 所示。

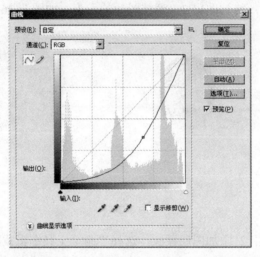

图 8-30

（8）此时宝宝的脸部再次变暗，仍使用"画笔"工具编辑"曲线 1"调整图层的蒙版，恢复宝宝脸部的亮度，结果如图 8-31 所示。

图 8-31

（9）此时图片颜色的饱和度较高，添加"色相/饱和度"调整图层，将饱和度降为"–35"，如图 8-32 所示。

（10）仍使用"画笔"工具编辑"色相/饱和度 1"调整图层的蒙版，恢复宝宝脸部的颜色饱和度，结果如图 8-33 所示。

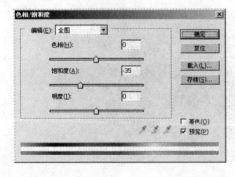

图 8-32

图 8-33

（11）接下来，对宝宝进行调色，在宝宝所在的图层 2 之上添加一个"色阶"调整图层，得到"色阶 2"。在"色阶"对话框中将黑色与白色滑块向中心拖动，加亮图像，加大对比，如图 8-34 所示。在图层面板中，按【Alt】键单击图层 2 与色阶 2 的中间，将色阶 2 作为宝宝的专属调色层。

（12）宝宝脸部的颜色有点偏黄，添加"色彩平衡"为宝宝脸部调色，数值为-52、0、+12，如图 8-35 所示。在图层面板中，按【Alt】键单击图层 2 与色阶 2 的中间处，创建图层剪贴蒙版。

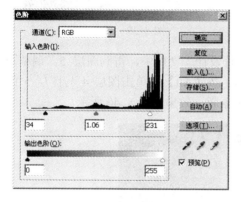
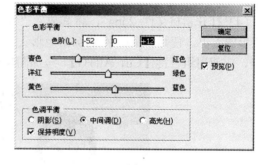

图 8-34　　　　　　　　　　　　　　　　　图 8-35

（13）背景及人物主体制作完成，效果如图 8-36 所示。

2. 设计右侧照片版式

（1）新建图层，得到图层 3。使用"矩形选框"工具，在图上做出如图 8-37 所示的 3 个正方形选区。

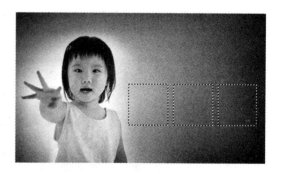

图 8-36　　　　　　　　　　　　　　　　　图 8-37

（2）选择菜单"编辑"→"描边"命令，在"描边"对话框中将描边颜色设为白色，宽度设为"3"，如图 8-38 所示。

（3）选择"圆角矩形工具"，在其工具选项栏中将绘图模式设置为"像素填充"。新建图层，得到图层 4。将前景色设为白色，在图层 4 中绘制一个圆角矩形。将图层 4 复制两份备用，并将它们分别移动到上步绘制的方框内，如图 8-39 所示。

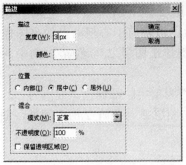

图 8-38

图 8-39

（4）打开素材文件 2.jpg"，将其放入"儿童照片设计"文件中，得到图层 5。调整图层 5 宝宝的大小，使其和图层 4 的圆角矩形大小相当。按【Alt】键单击图层 4 与图层 5 的中间处，或使用组合键【Ctrl+Alt+G】，添加图层剪贴蒙版，效果如图 8-40 所示。

图 8-40

（5）重复上步操作，将素材文件 3.jpg"与素材文件 4.jpg 放入文件中，并分别对其执行"添加剪贴蒙版"操作，最终结果如图 8-41 所示。

图 8-41

3．添加文字

（1）选择"横排文字工具"，输入文字"爱·快乐"，字体使用汉仪大黑体。输入文字"BEST WISHS FOR YOU"，字体使用 Arial Black。输入文字"宝宝 3 岁了"，字体使用方正胖头鱼简体，效果如图 8-42 所示。

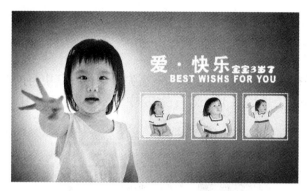

图 8-42

（2）为文字层"爱·快乐"添加图层样式，在"图层样式"对话框中添加"外发光"效果，将发光颜色设为蓝色，扩展为"11"，大小为"24"，如图 8-43 所示。添加"描边"效果，大小为 3 像素，颜色为灰色。

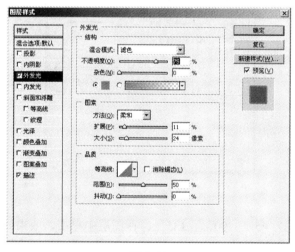

图 8-43

（3）为文字层"BEST WISHS FOR YOU"、"宝宝 3 岁了"添加图层样式外发光效果，参数设定同上。此时效果如图 8-44 所示。

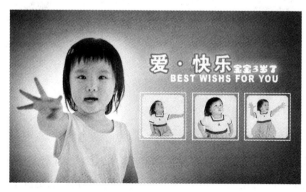

图 8-44

4．添加装饰效果

（1）新建图层，将其命名为"星光"。选择"画笔工具"，在选项栏中选择大小为 27 的柔角画笔。将前景色设为黑色，在图层上单击。在选项栏中选择大小为 21 的柔角画笔，在原位再次单击。

（2）按【F5】键打开画笔面板，选择画笔笔尖形态，在其中将间距设为 1000%，圆度设为 3%，角度设为 0°，直径为 107px，在图层中刚才画过的位置中心单击，如图 8-45 和图 8-46 所示。

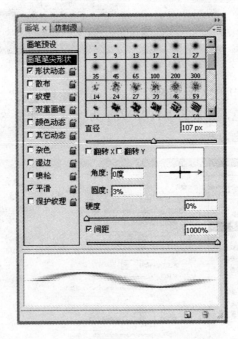

图 8-45

（3）分别将角度设为 45°、90°、135°，在图层中单击，效果如图 8-47 所示。

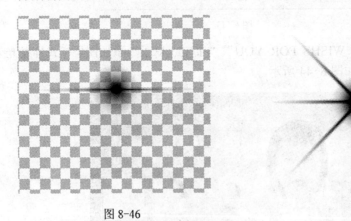

图 8-46   图 8-47

（4）使用"矩形选框工具"选择所画的黑色星光，取消其他图层的显示，只显示星光图层。执行菜单"编辑"→"定义画笔预设"命令，将选择区域定义为画笔，命名为星光。

删除在星光图层中所画的黑色星光。

（5）选择"画笔工具"，在工具选项栏中，选择新建的星光画笔。按【F5】键打开画笔面板，选择"形状动态"复选框，将大小抖动设为 74%，角度抖动设为 25%，如图 8-48 所示。

（6）在画笔面板中选择"散布"复选框，将散布设为 278%，将数量设为 2，如图 8-49 所示。

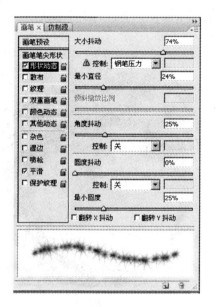
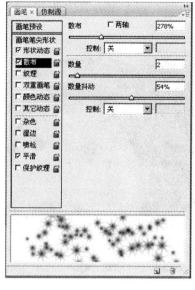

图 8-48　　　　　　　　　　　　　　　　　　　图 8-49

（7）将前景色设为白色，使用星光画笔在星光图层中绘制星星，完成本例，最终效果如图 8-50 所示。

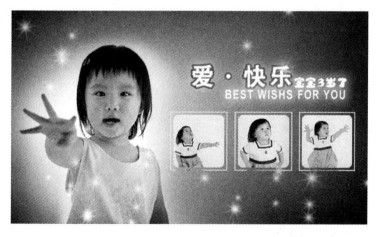

图 8-50

总结与回顾

设计照片的版式是一项需要长期累积经验的工作，做得越多，熟练程度越高。设计必须站在一定的理论高度上，但构图、色彩这些理论不是死的，需要在设计中灵活运用。先模仿，再创作是一个提高设计素养的好方法。

8.5 课后实训

参照本节所学内容为如图 8-51、图 8-52 所示的宝宝设计一个新的照片版式。

图 8-51   图 8-52

 操作提示

在设计版式时要注意照片的背景色，在创建背景时选择相似的背景色或背景图片可以大大加快设计的速度，同时背景在融合时也较容易。背景的创建一定要体现出层次，这可以通过亮度的变化，景物的虚实、大小来实现。最后的装饰性元素可以从网上下载笔刷效果或素材图片，方便快捷。

课后习题

1. 选择题

（1）HSB 中的 H 是指（　　）。

　　A. 色相　　　　　　B. 明度　　　　　　C. 亮度　　　　　　D. 纯度

（2）一个 8 位图像支持的颜色有（　　）。

　　A. 16 种　　　　　　B. 256 种　　　　　C. 65536 种　　　　D. 1677 万种

（3）当图像偏蓝时，使用变化功能应当给图像增加何种颜色（　　）。

　　A. 蓝色　　　　　　B. 绿色　　　　　　C. 黄色　　　　　　D. 洋红

（4）下列哪种格式支持图层（　　）。

　　A. psd　　　　　　 B. jpg　　　　　　　C. bmp　　　　　　 D. dcs 2.0

（5）Alpha 通道相当于几位的灰度图（　　）。

　　A．4 位　　　　　B．8 位　　　　　C．16 位　　　　　D．32 位

（6）如果使用矩形选框工具画出一个以鼠标击点为中心的矩形选区应按住（　　）键。

　　A．【Shift】　　B．【Ctrl】　　　C．【Alt】　　　　D．【Shift+ctrl】

（7）在现有选择区域的基础上如果增加选择区域，应按住（　　）键。

　　A．【Shift】　　B．【Ctrl】　　　C．【Alt】　　　　D．【Tab】

（8）Photoshop 中打开上一次应用的滤镜对话框应按什么键（　　）。

　　A．【Ctrl+F】　　B．【Alt+F】　　C．【Alt+Shift+F】　　D．【Ctrl+Alt+F】

（9）临时切换到抓手工具的快捷键是（　　）。

　　A．【Alt】　　　B．【空格】　　　C．【Shift】　　　D．【Ctrl】

（10）将三个图层按左对齐，应先将这三个图层（　　）。

　　A．编组　　　　B．合并　　　　C．链接　　　　D．隐藏

（11）为了查看当前图层的效果，需要关闭其它所有图层的显示，最简便的方法是（　　）。

　　A．压住【Alt】键的同时，在图层面板中单击当前图层左边的眼睛图标

　　B．新建一个透明的图像文件，将当前图层拖到建立的新文件中

　　C．先后按下【Ctrl+Alt+Shift+K】组合键

　　D．先后按下【Ctrl+Shift+K】组合键

2．判断题

（1）选区和路径都必须是封闭的。（　　）

（2）如果创建了一个选区，需要移动该选区的位置时，可用移动工具进行移动。（　　）

（3）"背景层"始终在最低层。（　　）

（4）所有层都可改变不透明度。（　　）

（5）色彩平衡只能调节中间色调。（　　）

反侵权盗版声明

电子工业出版社依法对本作品享有专有出版权。任何未经权利人书面许可，复制、销售或通过信息网络传播本作品的行为；歪曲、篡改、剽窃本作品的行为，均违反《中华人民共和国著作权法》，其行为人应承担相应的民事责任和行政责任，构成犯罪的，将被依法追究刑事责任。

为了维护市场秩序，保护权利人的合法权益，我社将依法查处和打击侵权盗版的单位和个人。欢迎社会各界人士积极举报侵权盗版行为，本社将奖励举报有功人员，并保证举报人的信息不被泄露。

举报电话：（010）88254396；（010）88258888

传　　真：（010）88254397

E-mail: dbqq@phei.com.cn

通信地址：北京市万寿路 173 信箱

　　　　　电子工业出版社总编办公室

邮　　编：100036